第 10 部分　愿　景

第1部分

虚拟化的基础知识

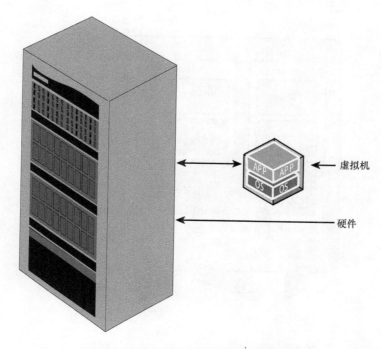

图 1-4 自包含应用程序 – 操作系统捆绑包

请注意，在该描述中，应用程序和操作系统仍然绑定在一起，但它们现在已与服务器硬件分离。在以前的工作方式中，你不可能使用很简单的方法就可以安装和移动一个操作系统。正如你前面所了解到的，操作系统之所以与服务器紧密耦合，是因为它只能通过允许访问硬件的驱动程序来访问服务器的资源。因为这些驱动程序是为特定操作系统编写的，所以服务器只能运行单个应用程序。不过我们现在仍然需要访问这些资源，而且还是需要通过驱动程序来访问这些资源，那么虚拟机是如何工作的呢？

1.4 进入虚拟机管理程序

虚拟机管理程序（hypervisor）是位于操作系统和服务器专用硬件资源之间的软件。在适当的时候，管理驱动程序和服务器资源之间的连接的是 hypervisor，而不是操作系统。

此时，你可能会问自己："它们在操作系统与硬件资源之间添加了一层，那么，这是如何能够提高效率的呢？"这是个好问题。

答案是，一个 hypervisor 可以为虚拟机的操作系统提供与服务器资源的虚拟连接。但重要的是，即使这些虚拟机都安装了不同的操作系统和不相关的应用程序，它仍可以为很多运行在同一服务器上的虚拟机做到这一点。

图 1-5 展示了 hypervisor，它充当了多个操作系统的服务器硬件资源的接口。

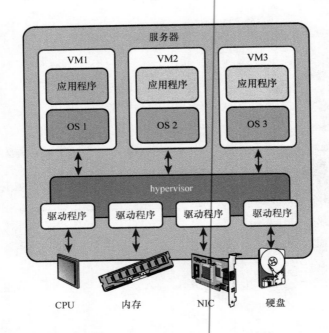

图 1-5   hypervisor 充当多个操作系统的服务器硬件资源的接口

从效率的角度来看，这有着巨大提升。实际上，它极具变革性，深刻地改变了 IT、存储、服务器和网络行业。我们将在第 3 章详细讨论 hypervisor 的细节。

随着虚拟机和 hypervisor 的出现，我们可以大规模地实现服务器整合。请记住，大多数服务器仅以 5% ~ 10% 的容量在运行。就算是谨慎地将 CPU 的负荷控制在 80% 以下，我们仍然可以将多个应用程序整合到一台服务器上，从而将企业所需的物理服务器数量减少为 1/6 ~ 1/15 不等。随之而来的好处还有，在服务器数量减少为 1/10 的情况下，企业还可以大幅降低服务器电源和散热的能源成本。

虚拟化的另一大好处就是灵活性。有了这项技术，就可以在几小时内，在不影响服务的情况下，将整个数据中心的服务器迁移到另一个数据中心。如果没有虚拟化技术，数据中心的迁移必定需要数周或数月的时间，而且肯定会导致大范围的服务中断。虚拟化技术还能提供更好的灾难恢复能力，并大大减少配置新应用所需的时间。

例如，当一个部门想要使用一个新的应用程序时，IT 部门可以订购软件并启动一个虚拟机。使用虚拟化技术，新的应用程序在几小时内就可以正常运行了。上述操作一旦完成后，IT 部门就可以轻松地将虚拟机（配置和其他）复制到灾备服务器上。这样一来，一切工作就就绪了。

图 1-6 展示了通过虚拟化技术实现服务器整合的优势。

行。事实上，在某些情况下，机器人正在被用于较高温度（30℃以上）的数据中心场景中。工作人员可以在温度适宜的指挥室内操控机器人进行工作。

布线成本是数据中心（尤其是单机服务器数据中心）成本考虑的另一个主要因素。将服务器连接在一起（相互之间和与网络之间）需要大量布线，包括电源电缆、端口之间的直接连接电缆，以及将所有服务器连接到网络和监控设备以及庞大数据中心网络所需要的线缆。

有了虚拟机技术，所有这些成本都会在层层递进的良性循环中大幅降低到 1/3 ~ 1/10，更少的服务器、更小的空间、更低的电力成本、更少的线缆……

2.3 适用性和灵活性

通过服务器整合节省成本可能是服务器虚拟化最明显的好处，但好处还不仅如此。例如程序适用性、容错性和灵活性。在传统非虚拟化的环境中，运行关键应用程序的服务器必须托管在具有复杂故障切换协议的服务器集群或者容错硬件上。有了虚拟机技术，这就不再是问题了。这是因为，如果一台托管多个虚拟机的服务器发生故障，那么所有的虚拟机都会在另一台服务器上继续运行或重新启动，而不会出现任何停机或数据丢失。集中式控制器通过使用心跳功能（一个周期性的信号，告诉控制器虚拟机仍在运行）监控、管理每个虚拟机的状态，并且可以在发生故障时重新启动或迁移虚拟机。

如图 2-2 所示，这种从一台服务器到另一台服务器的无缝迁移，提供了昂贵而复杂的服务器集群可以提供的所有好处，同时不会带来任何复杂的配置和部署问题。对于系统管理员或技术支持工程师来说，这就是服务器虚拟化的最大好处：无须任何人工干预或极其复杂的配置更改，即可无缝地迁移到另一台服务器上的另一个虚拟机实例。

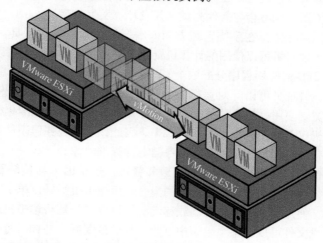

图 2-2　vMotion 允许将虚拟机从一台服务器迁移到另一台服务器，甚至是正在工作的应用程序

同样，使用虚拟机的服务器虚拟化在灾难恢复和业务连续性方面也有重要作用。IT 部门可以将虚拟机从一台服务器迁移到另一台服务器，就像复制文件一样简单。这意味着，在灾难恢复

的情况下，IT 部门可以迅速将关键业务应用程序从一个位置无缝迁移到另一个位置，而不会出现停机或数据丢失的情况。现在，想象一下，IT 人员可以将整个虚拟服务器从一个数据中心迁移到另一个数据中心而不用关闭它，甚至不需要关闭它！

不需要将应用程序关闭或导致停机的情况下迁移虚拟机的能力，使得响应业务需求成为一项轻松的任务。例如，如果一个使用传统方式部署的应用程序耗尽了现有资源而需要更多资源，那么 IT 部门必须在新的服务器上重新安装该应用程序，并为其建立与数据库和其他外部服务的链接，这是一项耗时且困难的任务。然而，对于运行在虚拟机上的应用程序，只需减少其他虚拟机的资源并扩充该虚拟机以提供必要的资源，或者更有可能的是，将该虚拟机（就像一个存储器）迁移到另一台有足够可用资源的服务器上，这是一项快速且轻松的任务。

2.4   更快的应用启动和配置

虚拟机技术给系统运维（SysOps）和开发运维（DevOps）带来的好处是巨大的。以前，为应用程序开发人员构建、测试、开发和发布服务器是一项乏味、困难和昂贵的任务，因为每个开发项目都需要不同的测试环境。测试服务器必须安装和配置特定的操作系统、开发工具、语言和库，这是非常耗时和难以维护的。此外，由于物理服务器的短缺，这些测试环境必须在不同项目之间循环使用。这就需要对服务器进行格式化，并为另一个操作系统、开发环境和库进行重新配置。

当然，即使为每个开发环境使用系统"镜像"也没有什么帮助，因为交换测试环境是一个极其耗时的操作，浪费了 SysOps 和 DevOps 人员的时间。然而，使用虚拟机进行测试和开发是一个绝妙的解决方案，因为虚拟机可以在需要的时候安装和启动，然后在项目流转时关闭和存储，不会占用任何宝贵的资源，也不会与其他测试和开发环境发生冲突。

虚拟机环境的其他好处体现在系统管理方面。虚拟机附带了一些工具，这些工具可以通过分配、调节和微调每个虚拟机可以使用的计算机资源来进行精细的服务器管理。例如，管理员可以为一个需要密集型 CPU 的应用程序分配数个 CPU 内核，而为运行标准应用程序的其他虚拟机分配一个内核。同样，管理员可以针对运行应用程序的定制要求，为每个虚拟机保留或分配内存，甚至分配网络带宽。使用虚拟机的另一个主要好处是，它们对于标准化很自然地起到了促进作用。这是因为虚拟机仅关注主机服务器上的 CPU。因此，主机服务器硬件可能会经常变化，但无论基础硬件如何变化，虚拟机始终是所有服务器上的标准映像。

虚拟机管理工具也方便了虚拟机实例的创建和管理。这是因为与传统服务器不同，传统服务器是硬件、操作系统、驱动程序和应用程序的集合，而虚拟机则是以单个文件的形式存在。这就是为什么如前所述，使用简单的文件复制或移动，就可以轻松地将虚拟机迁移到其他位置。

此外，一个虚拟机文件可以在整个组织中创建、存储或复制，并针对每个用户或应用程序进行调整。一个典型的应用是托管环境中的终端用户虚拟桌面基础设施（VDI），这允许用户的访问看起来就像访问一个桌面操作系统（Windows 或 Mac），实际上这些桌面操作系统都运行在一台共同的服务器上。用户可以完全定制他们的环境，而不是把所有的东西都放在笔记本计算机上（可能会丢失、被盗或损坏），同样的，用户可以从任何机器连接到 VDI，从而获取相关的服务。

　　另一个管理上的优势是，利用定期快照，将虚拟机直接复制（备份）到网络存储设备上，最常见的是存储区域网络（SAN）。这种技术的优点是，可以简单地将崩溃或损坏的虚拟机从存储设备复制到主机服务器上，这有利于在服务器或应用程序崩溃后快速恢复虚拟机。试着用传统的服务器来做相关操作并比较一下。

2.5　易于开发

　　我们在这里要谈的最后一个好处就是，工程师和开发人员可以通过虚拟机轻松、低成本地接入和使用应用程序。在虚拟机出现之前，访问应用程序意味着要拥有自己的专用服务器（至少在一段时间内）。当然，这在一定程度上增加了服务器的数量，但是从工程和开发运维的角度来看，这意味着，它们的需求优先级会处于整个公司内部开发服务器需求的末端。这不仅增加了各自部门的成本，而且这些要求也必须由已经超负荷工作的 IT 团队来完成。再加上订购和接收硬件与电缆、安装应用程序、等待维护窗口使其上线的时间一拖再拖……如果你有幸在一家能负担得起这一切的公司工作的话，你会明白，这是缓慢的、昂贵的和低效的。

　　现在将其与虚拟机的操作进行比较。在几分钟内，工程师或开发人员可以下载并安装一个应用程序的虚拟版本，并将其安装在一个廉价的服务器上（或在云中，这些稍后再介绍）。安装后，应用程序可以很容易地复制，这样每个团队或每个开发人员都可以使用自己的软件版本来工作。

　　这对技术发展的步伐也有着深远的影响。想想看，由于虚拟机的便捷性和经济性，现在，现金紧张的初创企业、大学生或车库创业者都可以实现他们的创新想法。

2.6　相信宣传

　　伴随着虚拟机以及云网络和 SDN 的出现，有很多相关宣传。不过在许多情况下，技术的实际效益要么达不到宣传的效果，要么需要几十年才能达到甚至接近宣传的效果。然而，对于虚拟机，很难夸大这项技术对行业的积极影响。例如，有一种技术的出现，能显著降低成本，提高可用性，提供极大的灵活性，并提供更广泛的技术使用权。可以说，虚拟机已经做到了这一切。

虚拟化 201
虚拟化的工作原理

专用服务器

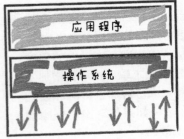

应用程序通过操作系统访问硬件资源，操作系统链接到各种设备驱动程序

虚拟化服务器

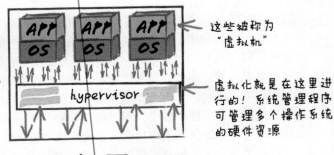

这些被称为"虚拟机"

虚拟化就是在这里进行的！系统管理程序可管理多个操作系统的硬件资源

软件应用程序必须能够访问硬件资源来执行其代码，资源包括：
- CPU
- 内存
- 网络接入设备
- 存储

操作系统(OS)提供对驱动程序的访问，这些驱动程序提供应用程序和资源之间流动的信息

该操作系统还提供了人机界面，这就是使Windows外观和行为类似于Windows及Mac外观和行为类似于Mac的原因

在虚拟化服务器中，有一个附加的层，叫作虚拟机管理程序（hypervisor）

hypervisor位于虚拟机的操作系统和硬件驱动程序之间

因为hypervisor对虚拟机的作用就像操作系统对应用的作用一样，所以有人把hypervisor称为其他操作系统的操作系统

hypervisor提供了对驱动程序的"虚拟"访问和控制，使每个操作系统都认为它在自己的服务器上

这很关键，因为它使软件和操作系统提供商不必更改其代码即可支持虚拟化

第3章

虚拟机管理程序
（VMware、KVM和其他）

大多数关于虚拟化的对话通常都围绕着虚拟机展开。这是完全合理的，因为虚拟机是你"看得见摸得着"的东西。然而，当你拉开虚拟化的面纱，你会发现虚拟机管理程序（hypervisor）做了很多重要的工作。事实上，hypervisor 是为每个虚拟机实现虚拟化和进行牵线搭桥的东西。

hypervisor 相当于：

■ 操作系统的操作系统
■ 虚拟机监控器

这解释基本全面了，简洁而漂亮。现在让我们更深入地了解这些部分，了解 hypervisor 提供商以及如何选择 hypervisor。

3.1 操作系统的操作系统

第 1 章将虚拟机描述为运行应用程序的独立操作系统。由于它们是从硬件中"抽象"出来的，虚拟机可以像文件一样被复制、暂停、保存和移动。但是，这种"抽象"是有问题的，因为它是使应用程序能够访问服务器资源的操作系统。操作系统通过驱动程序（计算、内存、硬盘和网络访问）管理与计算机硬件和服务的交互。

hypervisor 是一个软件，它允许计算机的硬件设备在作为访客运行的虚拟机以及安装在物理硬件之上的虚拟机之间共享资源。在这种类型的管理程序中，软件直接位于硬件之上——没有加载服务器操作系统，hypervisor 直接与访客虚拟机进行交互。

从这个角度来看，我们很容易理解为什么我们可以把 hypervisor 看作是操作系统的操作系统。例如，hypervisor 已经取代了服务器自己的操作系统，因此它承担了硬件设备和虚拟机内部操作系统之间的交互责任。它为虚拟机的操作系统部分所做的工作，就像服务器自身的操作系统为专用服务器上的应用所做的一样。

3.2　虚拟机监控器

我们对 hypervisor 工作的定义的第二部分考虑到了多个虚拟机可以在一台服务器上运行的事实。要做到这一点，hypervisor 还必须为每个虚拟机提供监控功能，以管理从虚拟机到计算资源的访问请求和信息流动，反之亦然。虽然这看起来很简单，但 hypervisor 所发挥的功能是至关重要的。hypervisor 不仅要通过一个叫作多路复用的过程来成功地允许多个虚拟机访问硬件，而且必须以一种对虚拟机透明的方式来实现。顺便说一下，多路复用过去只是操作系统的核心功能。事实上，hypervisor 也能做到这一点，这支持了 hypervisor 是操作系统的操作系统的观点。

hypervisor 的功能使操作的透明性成为可能。操作的透明性真的很重要，因为虚拟化的承诺之一就是：当你进入虚拟状态时，你不仅可以做所有你曾经做过的事情，使用所有你已经使用过的程序，而且你可以在做这些事情时，应用和程序的工作方式没有任何明显的差异。换句话说，我们不希望（通常也不会容忍）性能或可用性发生明显变化。

不足为奇的是，不同的操作系统有不同类型的管理程序，所有主要的操作系统提供商都有自己的管理程序版本，其他一些专门从事云和虚拟化的厂商也是如此。本章后面将讨论其中的几种。

虚拟机管理程序的历史

虚拟机管理程序（hypervisor）并不是新鲜事物，它们其实具有悠久的历史。事实上，它们在 20 世纪 60 年代中期就已经出现了。（恕我直言，科技发展飞速进步，所以 50 年前的技术已经接近古老了。）

最早的 hypervisor 是在 IBM 主机上运行的，但这些 hypervisor 与今天使用的有很大的不同。当时程序员使用仿真器（也就是现代 hypervisor 的近亲），来帮助开发操作系统。所以 hypervisor 被定义为操作系统的操作系统，这是有道理的。

3.3　虚拟机管理程序的类型

虚拟机管理程序（hypervisor）有两种类型，分别表示为 Type 1 型和 Type 2 型。Type 1 型 hypervisor（见图 3-1）被称为裸机型 hypervisor，因为该 hypervisor 直接运行在服务器硬件上，没有任何本地操作系统。hypervisor 是服务器的操作系统，为加载在它上面的访客虚拟机提供对硬件资源的直接访问功能。目前市场上的大部分服务器都在使用 Type 1 型 hypervisor。

Type 2 型 hypervisor（见图 3-2）称为托管型 hypervisor，在本地操作系统上运行。在这种使用情况下，hypervisor 是位于虚拟机的操作系统与服务器或计算机的操作系统之间的程序。

hypervisor 是操作系统和服务器硬件之间的桥梁。它承载着从虚拟化操作系统到硬件的输入/输出（I/O）命令和中断命令。I/O 命令是应用程序的正常程序功能，而中断命令听起来就像它的表面意思一样：可以停止进程的中断形为。按键（如按 Esc 键）是一个常见的中断功能。这

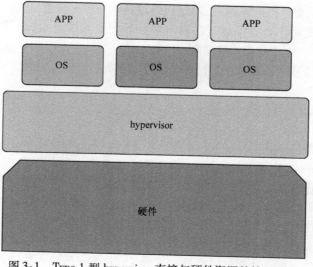

图 3-1　Type 1 型 hypervisor 直接与硬件资源的接口连接

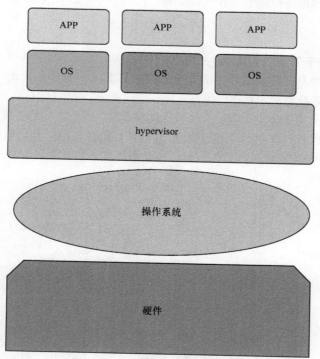

图 3-2　Type 2 型 hypervisor 与服务器上运行的本地操作系统的接口连接

个命令必须被考虑在内，在某些情况下可能会覆盖各种 I/O 命令。

　　hypervisor 最重要的功能之一就是管理所有这些 I/O 命令和中断命令，并确保它们是彼此隔离的。此外，还必须设置一些"陷阱"，以确保访客虚拟机中的错误（如那些会锁定应用程序或使操作系统崩溃的错误）不会影响运行在同一服务器上的其他虚拟机、管理程序或底层硬件。如果 hypervisor 是 Type 2 型，这也将包括底层操作系统。

hypervisor 的另一个主要功能就是，同时管理各种资源的计量（使用）以及网络接入。

3.4　虚拟机管理程序提供商

随着数据中心的激增，争夺品牌认知度和市场份额的战场围绕着操作系统展开。Sun（现在的甲骨文公司）、Microsoft 公司和各种 Linux 供应商［如红帽（Red Hat）公司］等大公司都在努力争取销售它们的操作系统，并安装在尽可能多的服务器上。一旦安装，它们就变得根深蒂固，如果推销员（和产品）足够好，你就可以让整个企业在你的操作系统上实现技术标准化。最终目标是让 IT 部门称自己为"商店"，就像"我们是 Microsoft 商店"一样。一旦发生这种情况，客户经理就可以打打高尔夫球，就能领取一张不错的佣金支票。抛开所有的玩笑，这是一场激烈的战斗，持续了好多年，在几十年的时间里，其授权和技术支持收入就达到了数百亿美元。

今天，一场类似的市场份额争夺战正在展开，这场争夺战的焦点是 hypervisor。下面将讨论 hypervisor 的主要版本。

1. KVM

KVM（被红帽公司收购）是 Kernel – based Virtual Machine（基于内核的虚拟机）的缩写。内核是操作系统中直接与硬件接口连接的部分。把内核看成是操作系统的主要部分——当你把所有使 Windows 操作系统看起来和操作像 Windows 操作系统、Mac OS 看起来和操作像 Mac OS 的代码剥离出来，剩下的就是访问 CPU、内存和硬盘的基本代码，这就是内核。

KVM（见图 3-3）是 Linux 操作系统的一部分，其是 Type 2 型，即托管型 hypervisor。Type 2 型 hypervisor 的安装和操作都比较简单。但是，由于增加了一层，所以性能并不总是像运行在裸机上的 hypervisor 那样好。

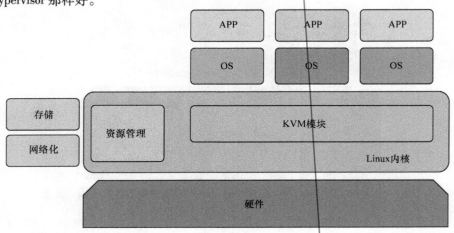

图 3-3　KVM hypervisor

2. Xen

Xen（开放源代码 hypervisor）发音为"zen"，是一款基于开源代码的 Type 1 型 hypervisor。Xen 已经被 Citrix 公司收购。通常情况下，开源社区（由一大批独立的编码者对代码开发做出贡献的组织）会开发出一个开源包的基础代码，然后基于商业模式成立公司，由其对自己的开源软件版本进行维护、测试、封装和技术支持。红帽公司是最值得一提的公司，它们做到了这一点（在 20 世纪 90 年代，它们就利用在前面提到的 Linux 代码库做到了这一点）。

Xen（见图 3-4）使用了半虚拟化，这意味着访客操作系统意识到它们不是运行在自己的专用硬件上。这需要对访客操作系统进行一定的修改，但这一缺点可以通过提高性能来弥补，因为操作系统的修改基本上是对访客操作系统进行"调整"，使其在虚拟化环境中更有效地运行。

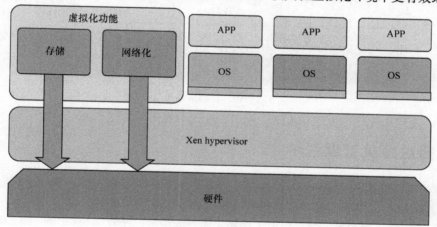

图 3-4　Xen hypervisor

3. VMware ESXi

目前，VMware 在收入和总份额上都在 hypervisor 市场处于领先地位。VMware 既提供了名为 ESXi 的 Type 1 型 hypervisor（基于主服务器的 hypervisor），也提供了名为 VMware Fusion 的 Type 2 型（托管）hypervisor，该 hypervisor 被应用在台式机和笔记本计算机上。

vSphere 5.1（ESXi）是一个裸机型 hypervisor，也就是说它直接安装在物理服务器之上，并将其分割成多个可以同时运行的虚拟机，共享底层服务器的物理资源。这在图 3-5 中展示为 hypervisor 块内的一系列独立虚拟机。

作为商用 hypervisor "最成熟"的版本，VMware hypervisor 的 ESXi 版本是基于原 ESX hypervisor 开发的。VMware 宣称，这个版本的大小不到原 ESX 的 5%。这是一件好事，因为它允许访客通过操作系统访问硬件资源，而不需要大量的中间功能和浪费 CPU 时钟周期。

4. Microsoft Hyper－V 系统

Microsoft 公司作为最大的操作系统提供商，也是 hypervisor 市场的主要参与者，这并不奇怪。它们的虚拟化平台，现在叫 Hyper－V（原来叫 Windows Server Virtualization），最初是在 2008 年发布的，现在有多个服务器平台操作系统的版本。

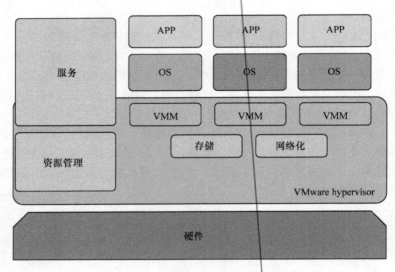

图 3-5   VMware hypervisor

3.5   选择虚拟机管理程序

选择虚拟机管理程序（hypervisor）时第一个需要考虑的因素是，你想要一个托管型的还是裸机型的 hypervisor。

托管型 hypervisor 更容易安装，但由于增加了额外的层级，托管型 hypervisor 确实倾向于以低于满负荷的方式运行。不过，托管型 hypervisor 确实有更大的灵活性，如果你已经有运行特定操作系统的服务器，那么向虚拟化过渡就比较容易。

本地 hypervisor 通常可为运行在其上的虚拟机提供更好的性能，因为它们直接连接到硬件。特别是在服务模式中，可能会使用服务等级协议（SLA）来指定服务器和应用程序的性能。

3.6   小结

hypervisor 是虚拟化的基础，提供了虚拟机与服务器硬件和本地操作系统之间的桥梁。如果没有这个关键的部分，我们就无法将虚拟机从其运行的服务器中抽象出来。

更重要的是，hypervisor 是所谓的 SDN 控制器的前身，SDN 控制器是 SDN 的基础组件。在本书的后面章节，你会了解到更多的内容，并将继续学习 hypervisor 在云网络中的作用以及网络功能的虚拟化。

虚拟机管理程序 (hypervisor)

服务器整合如何推动虚拟交换

虚拟化服务器

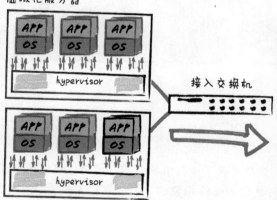

接入交换机

大型虚拟化服务器

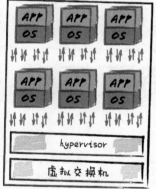

hypervisor不仅允许虚拟化，而且还推动了服务器对未充分利用的服务器CPU的整合——在云技术出现之前，在一台服务器上组合几个虚拟机是虚拟化的一大驱动力

机架顶部(TOR)交换机

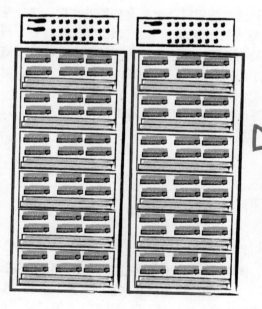

随着服务器制造商将越来越多的强大的CPU和更多的内存投入到更大的服务器中，用户可以将多达20~30个虚拟机放到一台服务器上。这就促使人们需要将第一层交换的"层"(接入层)放在交换机内部，以更好地让服务器内的流量（从虚拟机到虚拟机）以高效率运行。这种虚拟交换机(vSwitch)是所有数据中心交换结构的一部分，但嵌入服务器极大地提高了"东西向"或虚拟机到虚拟机的交换速度

这种整合将服务器机架替换为运行多个虚拟机的单个服务器。然后，这些服务器被组装起来，实现了每个人都希望实现的整合。这推动了向软件交换发展的第一阶段。现在第一个物理服务器是第二层交换机，通常放置在机架顶部，并容纳所有虚拟服务器，被称为机架顶部(TOR)交换机

第4章

虚拟资源管理

考虑虚拟化带来的好处时，最大的好处之一就是改进了虚拟机的管理。虚拟化提供了创建、配置和管理虚拟机的工具和机会，其方式是管理员以前无法想象的。可以通过常见管理任务进行管理的虚拟资源示例包括：

■ 从零开始或从模板创建虚拟机
■ 启动、暂停和迁移虚拟机
■ 使用快照来备份和还原虚拟机
■ 导入或导出虚拟机
■ 从外部 hypervisor 转换虚拟机

虚拟化中一个反复出现的主题是，管理员可以轻松地按需启动虚拟服务器的实例。这种管理和运营能力使服务器虚拟化在 DevOps 环境中具有巨大的吸引力，因为它减少了实施新服务和应用程序的时间。此外，启动托管应用程序虚拟机的功能极大地减少了管理员在发生故障后恢复服务的时间。但是，就知识、精力和时间而言，创建这些虚拟机实例需要什么呢？

提供商已经开发了它们的虚拟机应用软件，以至于要启动一个虚拟服务器几乎是小事一桩。对于大多数提供商的"向导"驱动的应用程序，管理员所需要的知识就只是了解一些关键参数，以便创建虚拟机。这些关键参数如下：

■ 物理服务器的主机名称
■ 虚拟机名称
■ 分配给虚拟机的内存
■ 分配给虚拟机的内核和 CPU 插槽数量
■ 默认显示类型和远程访问协议
■ 操作系统的类型和版本

管理员可以在虚拟机控制台上管理大多数任务，例如运行、暂停和停止虚拟机。然而，其他更复杂的任务（例如将虚拟机迁移到另一台服务器上）可能需要加载其他管理对象。因此，管理虚拟机资源通常仅限于编辑虚拟机配置，启动、暂停或停止虚拟机，管理快照，以及导出、导入和最终删除虚拟机。

正如你所看到的，创建和配置虚拟机的过程并不困难，你要做的就是配置虚拟机的资源参数。只要你知道内存大小是多少，以及你要分配给虚拟机的硬盘空间，配置就非常简单了。一旦全部配置好了，你就有了通常所说的"工作负荷"。不管怎么说，虚拟机带来的好处是如此显著，以至于其广泛应用几乎是不可避免的。对于企业来说，采用虚拟机的好处实在是太多了。本章将讨论虚拟机带来的主要好处。

4.1　什么是工作负荷

解释工作负荷最简单的方法之一是将其视为运行应用程序所需的计算"资源"的集合。很多人认为工作负荷就是一个程序或一个应用，但这只是其中的一部分。不仅仅是应用程序，工作负荷还包括运行它所需的资源，包括操作系统负荷、计算周期、内存、存储和网络连接。在虚拟机环境中，工作负荷甚至可以包括服务器本身以外的组件的负荷，如作为非永久连接到服务器的网络或存储组件。

对工作负荷的一个常见描述是使用容器的概念，它提供了一个很好的概念模型，因为工作负荷通常被视为任务所需的完整资源集，它独立于其他元素。使用容器的定义，很容易概念化，当定义一个工作负荷时，我们将运行应用、任务或程序所需的所有组件拼凑在一起。在大多数情况下，所需的资源来自不同的资源池，而这些资源池可以（并且经常是）在不同的位置。

在虚拟化模型中，这些工作负荷可以迅速地启动和删除，在某些情况下还需要启动另一个工作负荷来完成子任务。此外，所有这一切都可能在任何给定的时间内发生在成千上万的工作负荷上。虚拟化使我们能够将所有的资源分解为资源池，以便我们可以创建非常高效的工作负荷（这样，容器就可以拥有所需的资源，而不再占用过多的资源），但我们通常所知道的云网络才允许我们快速可靠地将这些工作负荷拼接在一起。

注意：关于容器的一个注释：前面的描述使用容器一词作为概念上的辅助，而不是名称或描述。这很重要，因为存在诸如"Linux 容器"之类的东西，它是一个隔离的虚拟环境。如果你听到有人在虚拟化上下文中谈论容器，那么可能就是这种情况了。

4.2　管理虚拟机管理程序中的虚拟资源

一旦虚拟机启动并运行，控制和管理虚拟资源的任务就交给了 hypervisor。例如，hypervisor 将控制虚拟机请求在其他虚拟机之间的复用，并处理 I/O 中断的控制和访客操作系统与硬件之间的信息流。

然而，走虚拟化道路的目标之一是提高服务器利用率和效率。其目的是让这些服务器从闲置状态变为以合理的利用率水平工作的状态，比如说物理服务器资源利用率达到 80%（CPU、内存、硬盘和网络带宽）。实现更高利用率目标背后的第二个想法是，它与更快的投资回报率（ROI）相辅相成，这使会计师和 CFO（首席财务官）非常满意。

不幸的是，如果我们把利用率阈值设置得太高，给 CFO 带来过高的期望，可能会对我们产生严重的打击。毕竟，我们的虚拟机使用的是虚拟资源，由 hypervisor 创建和提供，如虚拟 CPU、虚拟内存、虚拟硬盘和虚拟网络。因此，我们必须了解虚拟资源和真实资源之间的关系，因为虚拟资源是从非常真实和有限的物理资源中获取的，比如物理内存和物理 CPU。

因此，即使我们的目标是将服务器的平均利用率提高到 70% ~ 80%，然后坐等 hypervisor 来管理虚拟机的虚拟资源，我们也必须确保它管理资源的正确性。因为它会"认为"自己拥有无限的可用资源。因此，我们必须记住，要同时管理物理资源和虚拟资源。

考虑到虚拟机即使在被使用的同时也可以从一个物理主机迁移到另一个物理主机上，这一点尤为重要。要在这些不断变化的条件下来管理资源，即使是最勤奋、最有天赋的技术团队也无法做到，因此有必要实现自动化资源管理，如图 4-1 所示。

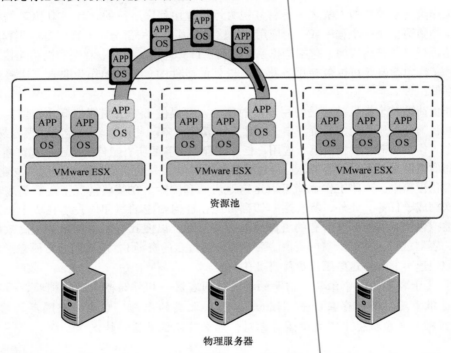

图 4-1　更改虚拟机的物理位置需要在整个网络范围内进行更新，而这些更新必须以与虚拟机迁移相同的速度和灵活的方式进行配置。在这种环境下，手动配置是无法实现的

在任何虚拟化环境中，你必须管理的关键资源如下：
■ CPU
■ 内存
■ 存储
■ 网络
■ 电源
前四种资源可能是意料之中的，但是为什么会包括电源的管理呢？这个结果令人吃惊。

　　之所以包括电源，是因为在数据中心中，即使是电源也是一种有限的资源，这意味着必须对其进行监控和管理。为此，hypervisor 可以通过电源分配管理（PDM）来管理电源分配的利用率，当利用率较低的主机较少时，hypervisor 可以整合虚拟机，甚至让一些主机进入睡眠状态。

4.3　虚拟资源提供商和消费者

　　在虚拟化环境中，物理资源由物理主机提供，这与传统的数据中心有些不同。在传统的数据中心中，所有所需的资源都是由一台主机提供的，而在虚拟化的数据中心中，你会发现资源集群，也就是一组物理资源。资源集群可以包括以下内容：

- 存储
- 内存
- 数据存储
- 主机（加载了虚拟机的物理服务器）

　　大型虚拟基础设施通常是从主机集群中抽取虚拟资源的。在大多数大型数据中心中，这些提供资源的集群是通过分布式资源调度器（DRS）来分配的。在存储的情况下，是将数据存储分组到集群中，然后可以使用存储分布式资源调度器（SDRS）来根据需要平衡 I/O 的利用率和容量。图 4-2 是资源池的一个例子。

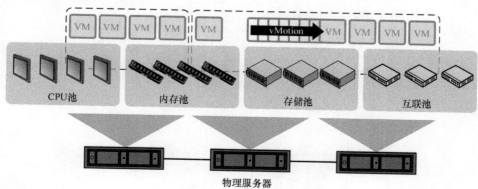

图 4-2　虚拟机经常从专用的资源池或集群中获取资源，而这些资源是由许多个虚拟机和主机共享的

　　而集群是虚拟资源提供者，虚拟机是消费者。从前面的讨论中可以回想起管理员需要对资源需求进行确认。因为有许多消费者和固定的资源（至少在短期内），所以必须正确设置虚拟机的资源限制，使虚拟资源的总消耗量不超过可用的物理资源。如果超过了，那么应用程序将在最终崩溃之前缓慢运行。

4.4　如何管理虚拟资源

　　虚拟资源管理如此重要的原因是，必须保持性能隔离。换句话说，应用程序必须以一个高水平的性能，日复一日地运行。此外，即使虚拟资源是共享资源，应用程序也必须具有可预测的性能。为此，必须确保活动的虚拟机不会垄断系统资源，霸占 CPU，使应用程序崩溃并给我们带来诸多的麻烦。

高效利用是虚拟化的另一个目标，确保物理服务器上的虚拟机密度既不能太高也不能太低，这一点非常重要。此外，还必须对单个虚拟机的资源进行管理，尤其是通过标准模板创建的虚拟机，确保虚拟机需要的资源没有被设置得太低，闲置的虚拟机需要的资源也没有被设置得太高，这样只会造成浪费。

综上所述，可以通过管理控制和虚拟机自动管理程序来管理虚拟资源。但是，这两者都必须配置为预设的虚拟机资源分配设置，如果不仔细预测，则会在繁忙或活动的虚拟机中造成资源不足，而在工作强度较低或空闲的虚拟机中造成资源浪费。但是，通过利用良好的管理和监控，你可以启用资源池的动态调整，这使应用程序可以在不影响性能的情况下按照需求获得和消耗资源。

灵活的工作流程

对云网络的新要求

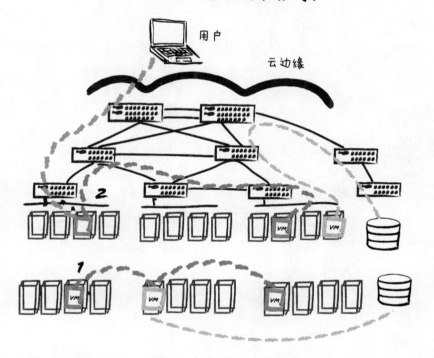

在时间1中，用户启动了一个虚拟机. 该虚拟机调用了另一个存储用户数据的应用程序虚拟机.
如果需求增加，则可以调用另一个，网络必须跟踪所有连接，但还不止如此

在时间2中，同一个用户启动了一个虚拟机，但它可能在不同的物理服务器上，而第二个应用
程序可能也在不同的服务器上. 不管其驻留在哪个服务器上，都必须像以前一样使用正确的
数据进行连接，而不需要用户做任何事情来管理新的连接

传统数据中心与云计算最大的区别在于：
1)在云中，从虚拟机到虚拟机的数据流量很多，而从客户端到服务器的数据流量则更少
2)与在数据中心中相比，位置和地址的变更在云中发生得更快、更频繁
云网络的设计必须适应云中不同的数据交互方式

第2部分

数据中心的虚拟化（云化）

第5章

虚拟化数据中心
（有人称其为云计算）

前面几章讨论了虚拟化技术，特别是虚拟机作为一个一般的技术概念。这些章节展示了虚拟化技术是如何通过节约成本、提高效率、与业务目标相一致的灵活部署能力、更快的服务器部署能力，以及重要的服务恢复能力等特点，从而为企业带来效益的。本章将这些概念付诸实践，通过在现代数据中心中应用这些技术来获得虚拟化的好处。

与任何项目一样，即使是理论上的项目，运营人员也必须提出投资的理由以及可能存在的风险。简而言之，CFO或财务管理人员会想知道他们为什么要在项目中投入资金，因为这其实就是他们的本职工作，他们是在投资而不是单纯地消费。此外，他们还希望根据一些投资回报率（ROI）的计算，将这笔钱收回来。作为其中的一部分，他们希望看到他们有可能实现哪些利益，以及他们有可能承担哪些风险。这种做法被称为成本/效益计算。

5.1　虚拟化数据中心的优势

因此，在本节中，我们首先来看一下虚拟化数据中心将带来哪些实际好处。

1. 更少的热量积聚

减少能源的浪费，可以大大节省运营成本。服务器数量越多，热量积聚越多，因此数据中心的能耗也就越大。解决这个问题的方法就是减少服务器的数量。只要将服务器整合到之前规模的十分之一，就可以节省大量的成本。

对于机构内的IT部门而言，这是一个棘手的问题，因为通常IT部门不会直接承担诸如电源之类的设施成本。在这种情况下，财务团队必须估算数据中心相对于机构内其他部门的功耗成本。对于托管公司而言，这就容易得多了，因为大多数设施都是专门用来运行服务器的。

2. 减少硬件支出

减少数据中心服务器数量的另一个好处是减少了服务器的扩展，从而减少了在新硬件和替换硬件上的开支。更少的服务器需要更少的电力和机架空间。随着维护和支持成本的下降，减少服务器数量可降低采购成本和运营成本。

然而，这种成本节约可能是有限的，因为这些服务器往往被更大（更昂贵）的服务器所取代，而且它们还需要更多的带宽，从而增加了网络成本和存储成本。不过，在所有条件都相同的情况下，这些成本必须从旧模式与新模式下相同产出的成本来考虑。假设这些变化是由增长驱动的，并且需要替换或升级服务器。

3. 更快的部署速度

安装新的服务器是一项耗时的工作，因为必须在当地采购或引进合适的硬件。必须找到机架空间，必须铺设电缆。这些都不是小事，事实上，仅仅是为了将服务器安装到机架上，就需要一个小型项目来获得资源的支持。服务器虚拟化消除了这些麻烦，因为虚拟机可以在几分钟内快速部署到现有的服务器上。

4. 测试和开发

在数据中心，开发运维（DevOps）团队总是在寻找可以测试和开发的服务器，以尝试新的想法。在使用物理服务器时，为了满足他们的需求，IT 团队将要经常地重建他们刚刚搭建的环境。但是，对于虚拟机来说，该问题就不再存在了，因为任何操作系统的虚拟机测试服务器环境都可以存储为一个文件，然后在需要时启动、暂停和关闭，这只需要几分钟。这使得资源调配和恢复测试环境成为一项轻松的任务。

5. 更快的重新部署

服务器会发生故障，即使是昂贵的物理服务器迟早也会发生故障，更换它们并恢复服务可能既费时又存在很大压力。然而，虚拟机可以在物理服务器发生故障时，轻松地迁移到另一台现有的服务器上，不会造成任何数据损失或停机，管理员可以将虚拟机配置为自动启动、手动启动，或者也可以在几秒钟内将它们复制到新的位置。这使得快速服务恢复成为一个关键的优势。

6. 备份更简单

备份物理服务器通常需要一个专职的管理团队。但是，对于虚拟机来说，使用完整备份和快照备份进行备份可以使工作变得更加轻松，并且从备份文件进行还原也更加容易。

7. 灾难恢复

虚拟机提供了在灾难情况下确保业务连续性的能力，因为运行中的虚拟机可以通过 WAN（广域网）链接实时迁移到另一个位置，而不会出现任何停机或数据丢失的问题。此外，辅助站点中的虚拟机可以监控主站点中虚拟机的状态，并在主虚拟机发生故障时自动进行故障切换。拥有这种级别的灵活性，可以使灾难恢复规划变得更加容易。需要注意的是，设置一个功能齐全的故障转移站点在成本或复杂性方面都不是一件小事。然而，一旦设置好，虚拟化就会使故障转移变得更加容易。

8. 服务器标准化

虚拟机并不真正关心它们在什么硬件上运行，因为抽象层次消除了对个别硬件规格的依赖。由于虚拟机可以运行在任何品牌的服务器上，这使得公司可以避免提供商的锁定情况。许多大型主机提供商甚至从硬件制造商那里订购自己的服务器，这完全绕开了服务器提供商。

9. 服务分离

一些数据中心的应用程序会将其后端数据库部署在同一台服务器上。虽然这种方式并不理想，但有时这样做是为了减少延迟和成本。有了虚拟机，管理员可以为应用程序和数据库创建单独的虚拟机，并将它们托管在同一台物理服务器上，从而解决任何性能或成本问题。

但有趣的是，鉴于新的服务和应用可以轻松地部署在云环境中，而虚拟化实际上会造成网络、IT 和安全团队之间服务分离的问题。这个话题将在后面的章节中介绍。

10. 更轻松地迁移到云端

数据中心的虚拟化为最终迁移到全云环境做好了准备。这对公司来说可能是一个很大的转变，因为将服务迁移到第三方的云可以大大节省成本。对于那些服务器资源使用量具有"突发性"特征的公司来说，尤其如此（例如，零售公司在节假日期间的服务器利用率会有一个巨大的增长）。对他们来说，投资在能够处理这种"突发性"情况的资源是没有什么意义的，否则一年中服务器资源会有 10 ~ 11 个月的时间被闲置。通过将数据中心虚拟化，像这样的公司就可以使用第三方的云提供商的资源来处理节假日期间的利用率高峰期，而花费的成本只是他们建立自己的环境的一小部分。

5.2 它是云吗

虚拟化数据中心并不能使其成为云环境，但却使其更近了一步。那么，什么是云环境，虚拟化又有什么不同呢？好吧，这就是容易混淆的地方，因为虚拟化是云计算的基础，没有虚拟化，云计算就不可能存在。然而，虚拟化是基于软件（它是一种技术）实现的，而云是指建立在虚拟化基础设施上的所有服务，简单地说，云就是共享计算资源的交付，无论是数据、软件，还是基础设施即服务（IaaS）。大多数人把虚拟化和云计算混为一谈，这是很容易发生的，但它们提供的服务类型是不同的，它们是如此紧密地集成在一起，以至于有时很难区分它们。

为了帮助区分虚拟化和云，了解什么是云，最好的办法就是研究云服务的属性。

5.3 云的五大属性

定义云的难点在于，在伴随着数据中心虚拟化的投资和建设的炒作周期中，这个词已经被过度使用，甚至被滥用了。与其去做一个严格的定义，不如把重点放在云的属性上更有指导意义。

云的属性最初是由美国国家标准与技术研究院（NIST）提出的，并在很大程度上被业界其他机构采用（或至少是认可）。这些属性如下：

1）按需自助式服务
2）无处不在的网络接入
3）按使用量付费（计量使用量）
4）快速伸缩
5）与位置无关的资源池

这些属性如图 5-1 所示，下面将详细介绍。

1. 按需自助式服务

通过按需自助式服务，客户（可以是个人或公司）可以从云端获取计算资源，而无须与 IT

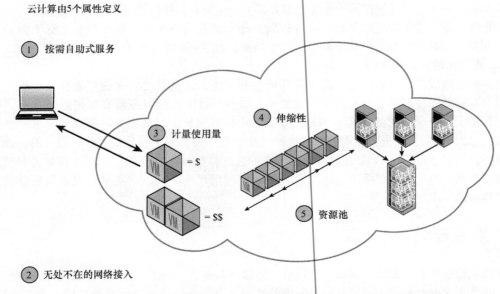

图5-1　如果你使用的云不具备所有的属性，那么它实际上可能不是云

或服务提供商的工作人员互动。换句话说，你可以通过单击按钮在线订购（而不需要销售人员试图与你共进午餐来达成销售）。

现在，很明显，如果一家大型公司想要大量的计算能力，那么这种情况就无法解决。在这种情况下，他们需要了解可用性，并可能需要与提供商人员就价格、服务级别和正常运行时间进行谈判，但是他们提供的实际服务可能仍会是按照为大多数用户的使用规模而制定的。

2. 无处不在的网络接入

简单地说，你应该能够从任意地方使用任意设备连接到云。换句话说，你应该能够使用简单连接的标准平台，而不需要铺设专用电缆或系统，也不需要购买定制的硬件来接入。

在许多情况下，网络访问云可以通过互联网完成，但这并不是真正的需求。这仅仅意味着，你不必建立一个单独的或专门的网络来获得对云的访问。

3. 按使用量付费

一般来说，云采用的是按使用量付费的模式。这个属性有点难以界定优劣，因为有些客户可能想要或需要一个完全私有的云（后面会解释）。私有云需要每月支付固定的费用，因为根据定义，其他客户即使在此私有云资源闲置的时候也不能使用。

在这种模式下，客户也可以将计算资源的所有权外包出去，省去了维护服务器和存储设备的大量资本支出和管理费用。

4. 快速伸缩

伸缩性可能是大多数人在描述云时提到的一个特征。伸缩性是通过自动化和应用程序编程接口（API）来实现的，它是指能够非常快速（甚至是即时）地"启动"计算资源一段时间来应对一个事件，然后在不再需要它时将其重新释放掉。

这种能力是云的大部分效率的来源。例如，这一功能可以让一家小型生物医药公司在每个项目上执行计算密集型的研究分析，其计算结果可以与大型上市公司或大学的计算结果相媲美，所有这些都不需要任何大规模的前期成本，而且每个 CPU 的成本只占一小部分。云计算以一种非常真实的方式让小客户以可承受的价格获取企业级的计算资源。同时，由于这些企业的业务需要使用基于快速伸缩的概念来维护大型数据中心，因此，云计算可以大幅降低大型企业的运营成本。

5. 与位置无关的资源池

资源池是云网络众多优势的来源。顾名思义，云提供商拥有不同类型的分组资源，包括存储、内存、计算机处理能力和带宽（仅举几个例子），这些资源不是专门分配给任何一个客户的，而是会根据客户的需要再分配给他们使用。云模式不是将专用资源分配给某个客户，而是允许客户根据需要从功能池中获取相应资源。

这种资源的汇集（和分配）可以实现通常所说的多租户模式，在这种模式下，提供商能够通过在许多客户之间共享资源，从而最大限度地提高资源的利用率和使用效率。客户不再需要为他们没有使用的资源付费，而且它使提供商可以通过使用一组通用的工具来进行管理，从而提升效率，而不必为每个客户单独部署管理工具。

在某些情况下，例如私有云（本章后面将介绍），客户端可能希望拥有自己的专用资源池，但即使在这种模式下，资源池也是由该单个客户端内的每个客户共享的。

5.4　云的种类

前面描述的属性定义了云的特性，但提供商可以通过不同的方式向客户提供云中的资源。由于这是一种"即用即付"的模式，IT 资源是作为一种服务（租用）而不是产品（购买）来提供的，在"即用即付"模式中，有下面三种不同的方式为用户提供服务。

■ 软件即服务（SaaS）。提供商提供客户可通过网络连接的应用程序。

■ 基础设施即服务（IaaS）。提供商以具有上述属性的方式提供处理、存储和其他计算资源。

■ 平台即服务（PaaS）。提供商提供运行它们自己创建的应用程序的能力。

1. SaaS

当人们想到云计算时，通常想到的是 SaaS。大多数连接到云基础设施的个人（许多人在不知不觉中这样做）都在利用 SaaS 模式。通过 SaaS 模式，用户可以访问由提供商托管的应用程序，而不必在自己的机器上安装该应用程序。应用软件在一个或多个数据中心运行，用户的数据也存储在那里。通常情况下，用户可以通过 Web 浏览器、安装的软件或通过互联网连接到云应用的"瘦客户机"来访问应用。

瘦客户机的技术定义是一种使用模式，即在用户的机器上运行的程序非常简单，只需要少量的计算能力。网页浏览器符合这一定义，但实际上，瘦客户机通常指的是远程桌面架构，如

Citrix 或 VMware VDI。在网页浏览器和远程桌面中，真正的计算实际上是在云端运行的服务器上进行的，用户通过用户界面（如网页或瘦客户机软件）来呈现计算结果。

SaaS 模式为客户提供了很多优势，包括以下几点：

■ 能够从任何地方和多个设备连接到应用程序，而不是拥有一台必须物理访问的专用机器。

■ 无须管理存储的数据、软件升级、操作系统或其他任何东西。

■ 节约公司管理资源和技术人员的投入。

SaaS 模式也存在一些缺点，包括以下几点：

■ 具有访问应用程序的网络连接性的要求。这个问题变得越来越不重要了，因为现在几乎可以从任何地方（包括飞行中的飞机）获得网络连接，但是它降低了用户体验的可靠性和可预测性。

■ 丢失 100% 的数据控制权，这可能使从一个应用程序提供商切换到另一个应用程序提供商变得困难。但是，这也变得不再那么重要了，因为许多应用程序提供商现在拥有相对简便的从其他服务导出和导入数据的方法，这也是由用户需求驱动的。

图 5-2 说明了 SaaS 模型中提供商和客户之间的控制范围。如图 5-2 所示，在 SaaS 应用程序中，客户获得了对该应用程序的某些控制权（通常接口是自定义的），而提供商保持了对其余部分的完全控制权以及对应用程序的一些控制。

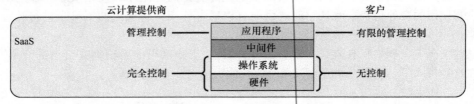

图 5-2　通过 SaaS 模式，客户可以访问它们的数据，并有一定的
管理控制权，但提供商保持对环境的完全控制

2. IaaS

在 IaaS 模式中，客户租用计算资源，使它们能够运行自己的软件程序，包括操作系统和应用程序。

通过 IaaS 模式，客户租用的是基础设施（提供商保留控制权），但仍然能够控制应用程序和操作系统软件。客户还能够控制它们数据的存储，并对网络功能和安全（如防火墙）有一定的控制权。基本上，客户是租用了一台（或多台）服务器，然后在上面安装自己需要的程序。

这种模式在企业级客户中的应用最为常见，企业级客户可以使用 IaaS 模式大幅降低 IT 运营成本，尤其是当它们只需要临时计算资源的时候（或者高峰期使用量和平均使用量差距较大的时候）。

规模较小的组织也可以从中受益，因为这种模式消除了获取企业级计算资源而必须付出的高昂的启动成本。

IaaS 模式为客户提供了很多优势，包括以下几点：

■ 大幅减少（或完全消除）信息技术基础设施的启动和维护费用。

■ 具备使用多个操作系统的能力，同时保持在多个操作系统之间进行切换的灵活性。

不过，IaaS 模式也有一些缺点，包括：

■ 外包基础设施的一些安全问题，特别是在使用共享或多租户云来处理敏感或受监管数据时。

■ 失去对数据的物理控制。在传统的基础设施中，你确切地知道你的数据存储在哪里。然而，当你的数据存储在"云中"时，它可能在任何地方，所以你不能走进一个房间并告诉别人"我们的数据在这里"。从大的方面来说，这没有什么实际价值，但有很多人通过能够定位他们信息资源的确切位置来获得安慰（或减少焦虑）。放弃这种所有权对一些人来说是一件非常困难的事情。而采用云的副作用之一就是你失去了对数据的定位能力。

■ 缺乏对云网络流量的可视性。

图 5-3 说明了 IaaS 模型中提供商和客户之间的控制范围。如图 5-3 所示，在 IaaS 应用程序中，客户获得了对应用程序、中间件和操作系统软件的控制权，而云提供商则保持对硬件的控制。同时，这种服务能够适应多种操作系统，因此，如果客户需要更换或使用多个操作系统，也是非常容易和经济的。图 5-3 显示了控制的范围。

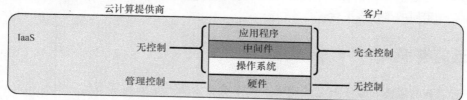

图 5-3　通过 IaaS 模式，客户可以控制它们的应用程序和操作系统，
但提供商保持对硬件（以及客户软件和数据的位置）的控制

3. PaaS

PaaS 模式为客户提供了一个计算平台，客户可以在这个平台上开发和运行自己的应用或程序。

图 5-4 所示，在 PaaS 模式中，为了确保分配适当的资源，客户通常必须让提供商知道其将使用什么进行编程（如 Java 或 .NET）。网络基础设施（服务器、存储、网络）由提供商管理，而客户则保持对计算/开发环境的控制。

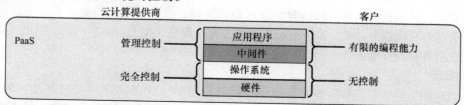

图 5-4　使用 PaaS 模式，客户可以控制其应用程序和配置设置，提供商可以提供编程库并保持对硬件的控制

PaaS 模式为客户提供了以下优势：

■ PaaS 模式消除了维护开发环境的 IT 团队存在的必要性。通常，开发人员和 IT 支持团队必须同时存在，或者（可能是更频繁地）程序员被迫花费时间来构建和维护他们自己的基础设施。而有了 PaaS 模式后，开发人员可以直接进行编码。开发人员喜欢这样。

■ 这个系统使得将程序或系统移植到新平台上的成本变得非常低廉。对于大多数程序来说，绝大多数的工作都发生在程序的初始编码和测试阶段。如果有需要或希望将程序移植到新的平台上，大部分的费用就会用于新平台的开发和新平台测试。移植部分的工作通常并不难，但建立平台的费用却非常昂贵。而 PaaS 模式基本上使这一问题不复存在。

不过，PaaS 模式也有一些缺点，包括：

■ 在 PaaS 模式下，你的代码存放在其他地方。在许多情况下（特别是对开发人员来说），你的源代码是你最大、最重要的资产。通常情况下，你会将你的代码保存在一个私有或公共的存储库中，如 GitHub。然后，通过一个框架将你的代码链接到 PaaS 平台，以构建你的应用程序。虽然有一些安全的方法可以做到这一点，但将代码放在"四面墙"（安全区）之外，对一些组织来说风险太大。这个"对实物的拥有"的问题，无论是用户数据、应用程序还是代码，都是一个需要克服的大难题，并且这是使用云的必经之路。第 31 章将深入探讨这个话题。

■ 另一个潜在的问题是安全性和保密性。在很多情况下，你不仅要保证数据的安全，而且还不想让任何人知道你在做什么。对于 PaaS 模式来说，这可能会有一点风险，因为有"其他人"会知道你租用的是什么平台。

5.5　云部署模式

有了云服务的属性和服务类型的定义，再来看看云服务是如何部署的。云有四种基本部署模式：私有云、多租户云、公有云和混合云。

1. 私有云

大多数企业迈向云采用的第一步是对其现有数据中心进行虚拟化。当重新配置企业数据中心以提供本章前面介绍的五个属性时，便会创建私有云。在这种情况下，企业拥有云，因此它既是提供商又是客户。

2. 多租户云

就我们的目的而言，多租户云是由服务提供商运营的，该服务提供商为选定的客户群提供托管服务，这些客户群几乎都是企业（相对于个人）。各个租户很可能共享共同的资源，但服务并不是公开的，只是任何人都可以随时访问这些云资源。这种云类型的提供商往往面向企业客户，通常会签订合同服务协议。并不是说所有的公有云都是定义上的多租户云。我们主要指的是面向特定企业客户的托管服务。

3. 公有云

公有云，顾名思义，它向所有拥有连接权限和信用卡（或某种远程支付方式）的人开放。公有云是向大众提供企业级计算的手段。这对于初创企业和个人来说是很好的，但对于希望减少基础设施开销的现有企业来说，它可能不是最好的服务选择。它的可用性（99.9%）比传统企业 IT 应用程序（99.999%）要少。

4. 混合云

这一类别显然是技术汇总后的东西，但现实是所有这些技术都在迅速变化，并且新技术和服务一直在被引入。虚拟化和云技术也很容易混合和混搭。从创新的角度来看，这是一件很有趣的事情。实际上，一些提供商对可以通过单个界面进行管理的多个云平台（私有或公有）提供管理控制，这样就可以无缝地访问两种云环境。

软件即服务
(SaaS)

云是一种应用程序

1. 过去的应用程序都是部署在一台机器上，供一个用户使用

2. 应用程序迁移到数据中心，在那里，专用服务器为多个用户托管应用程序

3. 软件即服务使这一点更进一步，在虚拟服务器上运行可扩展的应用程序，可由多个用户和多台设备从几乎任何地方进行访问

优点包括：
- 设备和位置的独立性
- 简单的协作模式和大规模的可扩展性
- 对于用户及IT人员来说，不用管理任何软件
- 对于APP开发者来说，只有一个"实时"的版本要管理，管理起来更容易（也更便宜）

SaaS模式为我们提供了更多来自不同地方的应用程序，它们更易使用、共享和发展

基础设施即服务
(IaaS)

云是你的数据中心

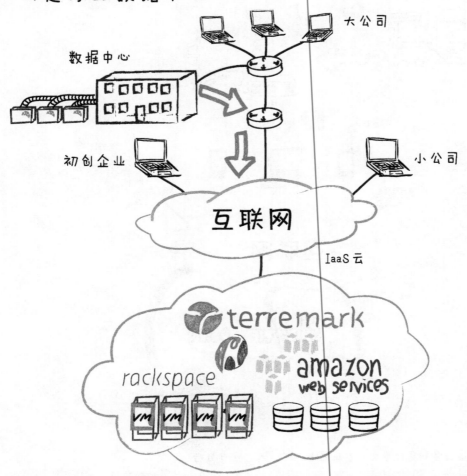

数据中心

大公司

初创企业

小公司

互联网

IaaS 云

terremark

rackspace

amazon
web services

VM VM VM VM

1. IaaS是一种将昂贵的数据中心外包或扩展给第三方提供商的方式，从而发挥虚拟化和云网络的成本/效率优势

2. IaaS模式可以实现使用低成本应对"突发"工作。公司保留一个数据中心，其大小适合日常使用，然后将"突发"工作放到IaaS云上处理，负担高峰时工作的负载

3. IaaS模式具备允许小公司和初创企业使用企业级计算的优势，而不必支付大量成本（它们往往资金比较紧张）

4. 这使得更多的公司能够获得高性能计算资源，从而进行更多的创新。这对整个经济的发展都是有好处的

平台即服务
(PaaS)

云是开发环境和库

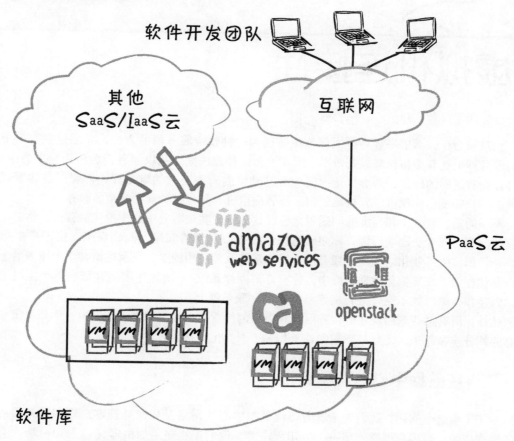

软件开发团队

其他
SaaS/IaaS云

互联网

PaaS云

软件库

1. PaaS是一个虚拟化的软件开发环境，它包含了编写程序所需的所有工具和库

2. PaaS云有时可以为其他云提供服务。例如，如果一个SaaS应用程序(如防病毒工具)使用了需要频繁更新数据的功能，那么就可以在PaaS云中访问它

3. PaaS模式让软件开发成本变得低廉，也让协作变得非常简单。这对于小公司、初创企业和技术型创业者来说是一件大好事

第6章

虚拟机连接性

　　到目前为止，本书一直将虚拟化单纯地视为一种整合服务器的方法，并通过在数据中心较少的服务器上托管虚拟机来提高效率。事实上，这种方法完全是以服务器和应用程序为中心的。也许你会有这样的印象，即虚拟化数据中心基础设施所需要做的就是开始部署厂商的管理程序软件。一旦完成，你就可以轻松地创建和部署虚拟机，同时减少现在多余的服务器。

　　不幸的是，有一个相当大的问题阻止你以这种方式实现数据中心虚拟化。首先，你必须解决连接的问题，或者更准确地说，你必须解决数据中心的网络问题。问题在于，由于虚拟化的本质，一切都发生了变化。你不再拥有一个操作系统及其应用程序，以及驻留在单个服务器上的所有内存和存储。在虚拟化数据中心中，你有许多操作系统/应用程序实例驻留在单个主机上。此外，内存和存储可能不在（并且经常不在）同一服务器上。

　　此外，所有这些东西现在的位置可能和以后的位置不一样。问题就在这里，你如何想办法把所有的部分连接起来，尤其是当它们处于几乎不断变化的状态时。

6.1　传统数据中心的网络建设

　　为了了解这个问题，我们先来看看传统数据中心的网络是如何处理客户端和服务器应用之间的数据流的。当用户想要使用一个应用程序时，他们正在使用的机器（称为客户端）会发起调用一个应用程序。这是一个从用户机器上运行的小型应用的连接程序发出的请求，或者更可能是通过用户浏览器的 HTTP 请求发出的。

　　用户的应用程序的调用将指向与应用程序所在的服务器相关联的地址。数据中心传统上采用分层网络模型设计，由核心层、汇聚层和接入层组成，确保数据被收集、汇聚，然后高速传输到最终目的地，如图 6-1 所示。然而，此时我们要处理的是一个传入请求，这样应用程序调用的 IP 数据包，将通过连接到核心层的路由器到达我们的应用服务器。传入的数据包将快速传输到核心层，再经过汇聚层到达高端口密度的接入（层）交换机。在接入层，数据包将被检查目的地址，它们将通过网线快速切换到目的应用程序正在运行的服务器（基于该服务器的唯一地址）。

基本分层设计

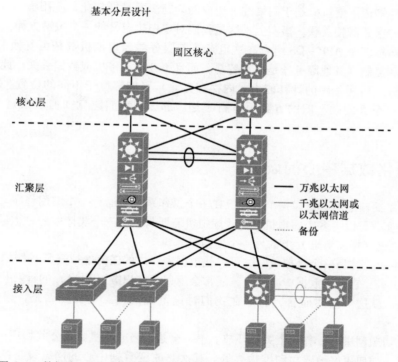

图 6-1　数据中心网络的传统三层模型，针对客户端 – 主机流量进行了优化

所有这一切的关键是编址方案。第三层或 IP 地址使得数据包通过广域网到达正确的数据中心位置，一旦到达该位置，第二层地址就会告诉数据中心中的所有交换机应将流量发送到哪个服务器上。

在上述场景中，以下情况是真实的：

■ 应用程序与单个服务器相关联，所有基于应用程序的网络寻址和编程都是根据物理服务器所在的位置，并从物理服务器所连接的接入（层）交换机开始。

■ 分配给服务器的地址依赖于第三层路由子网，而第三层路由子网依赖于位置。因此，无论用户从何处连接，服务器的 IP 地址总是能够找到正确的数据中心和核心（层）路由器。

■ IP 数据包到达核心（层）路由器后，又会自动路由到汇聚（层）路由器的正确子网上，然后再将数据包路由、切换到接入（层）交换机。

■ 接入层交换机会查询数据包、目的 MAC 地址（服务器网络接口适配器的地址），并通过正确的 VLAN 将数据包发往目的地。

■ 数据包到达服务器的网络接口卡（NIC）后，TCP 端口将决定将数据包发送给哪个应用程序。

这里值得注意的是，数据中心的设计是基于这些因素的，而三层设计是专门为优化"南北向"流量而实施的。也就是说，从服务器到服务器的流量非常小，大多数流量是从服务器到数据中心外的客户端（反之亦然），因此数据中心的网络旨在优化该流量。

你可能已经知道了虚拟机基于网络地址造成的问题。通过虚拟化，应用程序（和操作系统）不与任何特定的服务器相关联。事实上，这是我们对虚拟化定义的一个关键方面。该方法支持在特定服务器上运行多个 APP – OS 组合，这也意味着服务器和虚拟机都是可互换的。回想一下，将虚拟机移动和复制到其他服务器是多么容易，而且不会造成停机或数据丢失。此外，一个应用程序的不同部分（应用程序的计算能力、内存和存储）可能都位于不同的位置。因此，网络寻址是虚拟化的一个大问题，旧的方案根本行不通。那么，我们究竟如何解决这个网络地址难题呢？

6.2　虚拟化数据中心的设计

首先，为了简单起见，假设每个虚拟机在一个操作系统上运行一个应用程序。其次，在任何给定的服务器上，可以有多个虚拟机。这些虚拟机需要与下面三个实体中的一个进行通信。

1）同一主机（或服务器）上的另一个虚拟机。

2）不同主机上的另一个虚拟机。这可以是数据中心内的任何虚拟资源（例如硬盘存储）。

3）远程主机，它位于数据中心之外，通常会返回到客户端（用户）的计算机，但也可以是任何其他设备。就这个描述而言，它不在我们讨论范围之内。重要原因是，通信离开了数据中心。

要使这一切顺利进行，有两个关键环节。第一个是，当虚拟机共享公共物理设备但易于在会话之间移动时，如何更好地建立和维护寻址。其次是改变数据中心的网络设备的物理布局和性能特征，以更好地适应新的需求。

6.3　使用虚拟机寻址

让我们快速回顾一下第三层和第二层通信的工作原理。在第三层路由网络中，我们为设备分配 IP 地址，然后出于安全和性能原因将 IP 域划分为 IP 子网。子网或 IP 域之间的通信需要第三层路由。当路由器收到 IP 地址对应于已知子网（路由器接口）的数据包时，它知道将数据包从哪个接口发送出去。

在第二层网络内（例如数据中心内），当主机在局域网内（通过交换机）通信时，不需要路由器，主机的 IP 地址只用于通过地址解析协议（Address Resolution Protocol，ARP）查询主机的MAC 地址。

这里的关键点是，每台主机都需要一个 MAC（第二层）地址和一个 IP（第三层）地址。对于物理设备来说，在设备制造时，制造商会分配唯一的 MAC 地址。这使得网络工程师很容易获得第二层地址。而第三层地址则是由网络工程师分配的，如果一次性完成该工作，可能会很麻烦，但分配后一般不会改变。

注意：使用动态主机配置协议（Dynamic Host Configuration Protocol，DHCP）时，IP 地址可以而且确实会经常更改，但这一切都是自动进行的。所以我们暂时忽略 DHCP。

你可能会发现一些明显的问题。首先，虚拟机不是从工厂生产线制造的。它们是"凭空创造出来的"。其次，尽管虚拟机不经常从一个数据中心迁移到另一个数据中心，但它们在数据中心内会经常迁移。因此，我们有一些新的问题需要解决。首先，是谁创建了 MAC 地址，其次，我们如何解释所有这些迁移，因为网络的其余部分必须知道将流量发送到哪里，以确保不间断的连接。

在没有出厂分配 MAC 地址的情况下，VMSphere 或 Citrix 等虚拟机软件会为每个创建的虚拟机提供唯一的 MAC 地址。这些虚拟机管理器还可以分配一个虚拟 NIC（vNIC）或多个 vNIC；你可能还记得，NIC 是一个设备中使用 MAC 地址的特定部分。这些虚拟机管理器中的大多数都能让你手动配置 MAC 地址，但让软件来管理动态 MAC 地址要简单得多，因此在大多数情况下无须手动配置虚拟机。

通过给每个单独的虚拟机分配自己的 MAC 地址，你就可以在网络上对该虚拟机进行单独寻址，当涉及单个虚拟机从一台主机物理服务器到另一台主机物理服务器的迁移性时，这是一个重要的概念。重点是，虚拟机的 MAC 地址是该虚拟机固有的，与物理服务器的网卡无关。因此，它有能力也可以自由地迁移到另一台服务器上，不受任何限制。那么，诀窍就是让数据中心的其他部分知道该虚拟机在任意时候的位置。

一旦虚拟机有了 MAC 地址，就可以为其分配 IP 地址。这与任何其他虚拟或物理服务器一样，你可以为操作系统（而不是虚拟机本身）分配一个 IP 地址。你可以通过 DHCP 或手动方式为每个操作系统配置静态 IP 地址。

这里的关键点是，分配 IP 地址的是操作系统，而虚拟机是通过其 MAC 地址来识别的，所以当虚拟机从物理主机迁移到网络上的另一个位置时，IP 地址将保持不变，而不是每次虚拟机迁移到新的物理主机时都会改变。如果不是这样，虚拟机的迁移性将被限制在局域网段内，因此虚拟机将无法在第三层网络中迁移。

请注意，虚拟机在数据中心内迁移比跨数据中心迁移要简单得多得多。事实上，在数据中心内部迁移的规律性，以及"东西流量"的巨大增长，是数据中心架构变革的动力。

当涉及实现跨第三层边界的迁移时，解决方案是网络虚拟化，这个话题在后面会详细介绍。通过将网络扩展为第二层局域网，作为一个覆盖层，这就是网络虚拟化的目的，IP 地址不再是问题，因为它们处于同一个广播域。因此，虚拟机可以通过 ARP 进行通信，在共享广播域（可以跨越数据中心）中获取其他主机的 MAC 地址，就像在真实的局域网中一样。

网络虚拟化通过将虚拟 LAN 构建为物理二/三层网络之上的覆盖层，将扩展 LAN 原理向前推进了一步。此虚拟 LAN 覆盖使虚拟机能够跨数据中心迁移，就像它们位于 LAN 网段上一样。即使它们最终可能位于不同的子网中，它们也可以这样做。然而，虚拟机却并不这么认为，因为它们是由在第二层运行的虚拟覆盖层连接起来的，实际上就是一个 LAN。

虚拟机连接性

从创意到生产力

通过专用
APP服务器

IT黑盒

2015
2014
2013

须经多
部门批准

我需要
一个APP!

通过虚拟化

服务
目录

通过IT预置

APP | VM
存储 | VLAN

APP可
以使用了!

计费
和监测

IT有一个规划资金和推广的背景流程

一旦获得批准，一切都必须建立起来

手动操作流程

在该过程完成后，用户将最终获得对应用
程序的访问——希望仍然有需要

自动化流程

通过虚拟化，用户只须从服务目录中查找应用
程序——应用程序和服务是由IT部门预先构建
的，并且可以通过自动化流程在数小时（或数
分钟）内进行配置和推出。用户几乎是实时地
进行生产

虚拟机连接性

抽象化的物理连接

在固定服务器中，MAC地址分配给NIC. 在制造过程中，此地址在工厂中被永久分配给物理NIC

MAC地址

在虚拟机中，MAC 地址是一种逻辑分配。在虚拟机所在的物理服务器上，有一个永久的 MAC 地址被分配给 NIC——网络中的虚拟控制器将服务器上的虚拟 MAC 和物理 MAC 关联起来

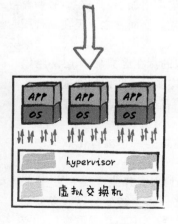

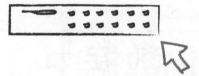

物理IP地址不像MAC地址那样是永久性的，但它们在网络中往往不会经常变化

一级交换机上的IP地址

在虚拟环境中，第一个交换机实际上就是管理程序，IP寻址系统在地址分配方面更加灵活

二级交换机

在大多数情况下，当流量进入第二层交换后，尽管流量的行为有些不同，但寻址方法和方案几乎与虚拟化前的数据中心相同

最大的区别在于，在虚拟环境中，有一个监督控制器来管理MAC/IP关联

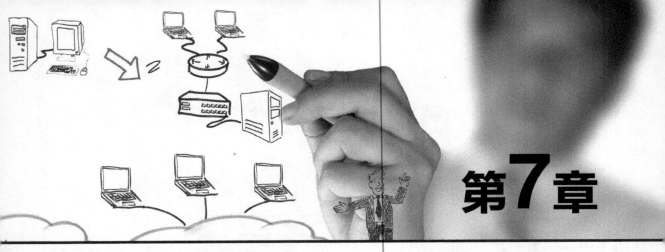

第7章

虚拟化数据中心的网络设备

正如你在上一章中刚刚了解到的，数据中心的虚拟化对网络寻址以及如何在交换网络中唯一地标识单个虚拟机具有相当大的影响。你已知道虚拟机管理程序（hypervisor）在管理程序软件层中扮演虚拟交换机的角色，并与网络控制器交互，以及分配和管理第二层交换标识符。数据中心接入交换机对这些新的网元毫不在意，它们继续像以前一样使用标准地址解析协议（ARP）来更新交换表。

7.1 数据中心交换的演进

除了需要由网络控制器启用的与位置无关的寻址之外，还需要新一代的数据中心交换机来处理数据中心（云）内流量的增加和流量性质的变化。

与传统的固定服务器数据中心相比，在创建虚拟化数据中心（或创建云基础设施）时，网络流量发生了两次重大变化，因此需要新一代的交换机。

第一个变化是，由于多个虚拟机运行在一台服务器上，通信密度显著增加了。现在，服务器具有多核的处理器，这意味着可以增加在服务器上运行的虚拟机的数量。简而言之，现在单台服务器内产生的流量相当于或超过过去一整架服务器产生的流量。

还有一个变化是，hypervisor 本身就是一台交换机，尽管它是虚拟的。在经典的 N 层网络模型中，这些虚拟交换机现在正作为交换机的接入层。如图 7-1 所示，许多网络监控和管理平台都基本上没有这些功能。这意味着第一个物理层交换机现在可以看到更高的流量速率，因此也必须具有更大的端口密度。

左边是典型的 N 层网络模型，其中接入交换机连接到服务器。右边是一个虚拟化数据中心或云模型，其中虚拟交换机扮演了新的角色。

虚拟化的另一个影响是，随着从虚拟机到虚拟机工作流的增加和独立资源池普及率的增加，流量模式已从主要的客户端到服务器（从数据中心内部到外部，反之亦然）转变为以服务器对服务器为主（在数据中心内）。换言之，应用程序将从云中（即虚拟化数据中心）提取专门的资

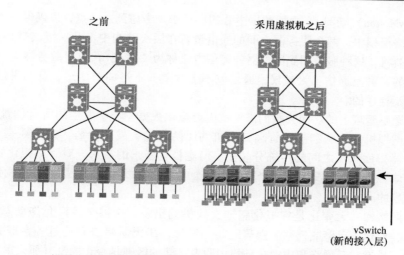

之前　　　　　　　　　采用虚拟机之后

vSwitch
(新的接入层)

图 7-1　在虚拟数据中心和云中, vSwitch 作为新的接入层

源, 而不是让服务器来完成所有工作。

　　这种从客户端到服务器转变为服务器到服务器的通信量转移通常被称为从 "南北" 通信量到 "东西" 通信量的转移。定向流量参考是基于通常的做法, 即在数据中心网络的底部, 服务器从左到右 (或从东向西) 运行, 然后将接入层、汇聚层和核心层堆叠在顶部, 使数据中心 (或云) 的边缘位于顶部, 如图 7-2 所示。

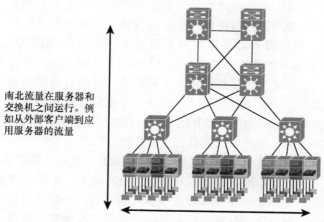

南北流量在服务器和
交换机之间运行。例
如从外部客户端到应
用服务器的流量

东西流量在虚拟机之间运行。在某些
情况下, 这可以是在同一台服务器上,
也可以是服务器到服务器

图 7-2　在虚拟环境中, 虚拟机到虚拟机的流量 (称为东西流量) 在整个流量中占了很大一部分

　　数据中心和云仍然需要有效地处理 "南北" 流量, 但 "东西" 流量的增加也提高了对服务器之间统一带宽和延迟的需求, 特别是考虑到虚拟机的物理位置可能在会话中途发生变化〔在

虚拟机迁移（vMotion）期间]。虚拟数据中心的设计必须考虑到这一点，以确保性能不受影响。

在旧的网络模型中，两台服务器之间的通信量将在层次结构中上升一级（或两级），然后再回到另一个交换机。这种服务器到服务器的通信方法称为"发夹"，只要服务器是固定的（这样性能是可预测的）并且通信不太频繁，通信就不会太差。不过如前所述，这两种情况在虚拟环境和云中都是不存在的。

另一个问题是管理上的。因为我们需要适应虚拟化数据中心中发生的所有位置和地址更改，所以控制管理虚拟机的团队和控制管理交换机的团队经常会发生矛盾。这已经是"网络团队"和"IT（服务器）团队"之间的传统分歧了，但虚拟化带来的需求，对于虚拟化管理团队来说是两者的混合体。在某些情况下，一个团队最终会向另一个团队报告，而这种感觉到失去控制或自主性是有问题的。

数据中心网络的一大变化是虚拟化感知交换机的出现，这种交换机允许动态配置交换机，以响应虚拟机的创建、存储或迁移。随着时间的推移，IT 团队将决定这是一台服务器功能还是一个网络功能，或者在云网络和虚拟化环境中两者之间的区别是否真的没有那么重要。

7.2　云和数据中心的布局和架构

N 层网络模型仍然在虚拟化数据中心和云上使用，但是由于流量的变化，有一些新的方法将它们组合在一起。

与以前一样，第一个接入交换机现在是虚拟机管理程序，它本身是一个虚拟化交换机（由于它支持虚拟局域网（VLAN），它同样也是一个虚拟交换机）。然而，第一个物理交换机现在通常位于物理服务器机柜的顶部，充当在该机柜上运行的多个虚拟机的接入交换机。这个转换称为 TOR（Top of Rack，即在服务器机柜的最上面安装接入交换机的接入方式）交换机（见图 7-3），它反过来连接到一个或多个 10Gbit/s 的 EOR（End of Row，即接入交换机集中安装在一排机柜端部的机柜内，并通过水平线缆以永久链路方式连接设备柜内的主机/服务器/小型机设备的接入方式）交换机。EOR 交换机（见图 7-4）将流量连接到物理服务器，并将流量汇聚到核心交换机。这个新模型被称为树叶和脊椎结构，它之所以能很好地工作，主要是因为它在水平方向（东西向）伸缩良好，也不会放弃垂直（南北向）性能。

本章要研究的数据中心的最后一个变化是变化率，当然，变化率在增加。这是由于有很多因素在推动，其中最主要的因素是服务器上不断增加的处理能力。越来越多的速度非常快的多核处理器（遵循摩尔定律）意味着一台服务器或主机可以处理越来越多的虚拟机。这对流量的影响是一个指数级的响应，因为是一个服务器上的多个虚拟机与相邻服务器上的多个虚拟机进行通信。这推动了对更靠近服务器的更快、更大端口密度的交换机的需求。

摩尔定律的一个方面是，它预测处理器性能的增长速度远远超过网络速度的增长潜力。这可能会成为现代云网络的一大弱点，因为虚拟化环境中的 I/O 功能会成为性能上的阻碍，而不是处理速度。

我们已经看到在 TOR 级别需要 10Gbit/s 的交换，而在更高级别需要 40Gbit/s 和 100Gbit/s 的交换水平。数据中心以外对更大速度的需求可能在一段时间内不会超过 100Gbit/s，但我们可能

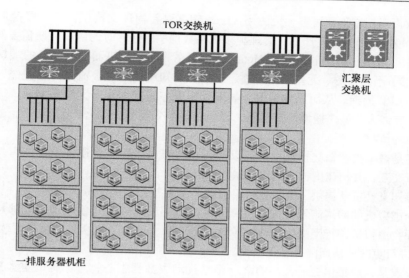

图 7-3　TOR 交换机从多个服务器（在单个机柜中）汇聚流量，这些服务器可以托管多个虚拟机

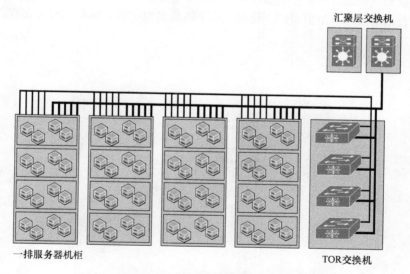

图 7-4　EOR 交换机从整排服务器机柜汇聚流量

会看到数据中心内接近 100Gbit/s 的交换速度和虚拟机感知交换机的同质化，最终形成了扁平、虚拟化、高速的数据中心和云。

7.3　虚拟化感知网络交换机

hypervisor vSwitch 是个好创意，它解决了许多基本的第二层寻址问题，但是它也是有缺点的。

例如，vSwitch 没有控制平面可言，无法用 VLAN 信息更新物理交换机，而这些信息是支持虚拟机迁移性和 vMotion（VMware 产品，管理虚拟机在数据中心迁移时的协调）所需要的。因此，为了方便物理主机之间的虚拟机迁移和 vMotion，必须在物理交换机面向服务器的端口上配置许多VLAN。这造成了不必要的、无差别的广播、组播和未知单播（垃圾流量）的泛滥，增加了上行链路利用率和 CPU 周期，从而导致丢包。如果数据中心只使用几个大的平面域，这可能不是问题。然而，在有许多小型广播域的情况下，必须在每个交换机端口上配置 VLAN，这可能会成为一个日益增加的负担。

解决方案是虚拟机感知交换机，它可以学习虚拟机网络拓扑，通常通过使用发现协议与虚拟交换机进行交互，并构建虚拟化网络的映射。

虚拟机感知交换机还提供了通常在网络监控工具上被隐藏的 vSwitch 的可见性。这使管理员能够测量每个虚拟机的网络流量并排除故障。虚拟机感知交换机还使管理员能够配置虚拟机的网络参数，并在虚拟机进行网络内迁移时对其进行跟踪，而且无须额外的服务器软件对 hypervisor 或虚拟机进行更改，从而降低了复杂性。

本章的要点是，虚拟化的最大影响之一是它推动了数据中心物理结构的重大变化。这不是从一开始就设计的，而是这样一个事实的结果，即它是从虚拟化服务器中提取最大价值的最佳方法。其影响是如此深远，以至于很多时候，即使企业多年来已经投入了数十亿美元的资金，但对数据中心进行彻底改造也是值得的。这也预示了网络虚拟化将贯穿本书其他章节。

第一层和第二层

是什么在推动着网络构建方式的变化

我们经常谈论虚拟化正在推动网络的变革，但在很多方面，虚拟化是解决方案之一，而不是起因

现实情况是，联网设备的数量爆炸性增长，以及人们对随时随地（甚至在移动中）即时连接的期望越来越高，迫使网络的构建方式发生变化。从传统网络到云网络的转变，就是这些新设备的数量、类型和使用方式变化的结果

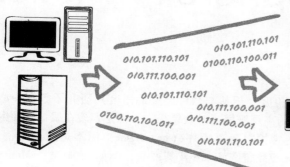

010.101.110.101
010.101.110.101   0100.110.100.011
010.111.100.001
010.101.110.101
0100.110.100.011   010.111.100.001
010.111.100.001
010.101.110.101

网络最初建立的时候，设备类型相对较少，而这些设备类型往往保持不变

如今，联网设备的数量越来越多，其中很多是移动设备

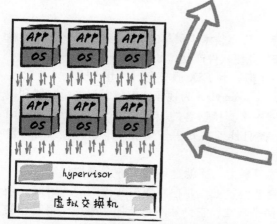

hypervisor

虚拟交换机

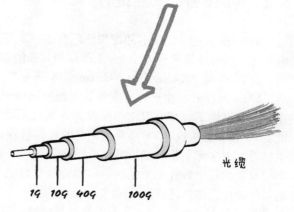

光缆

1G   10G 40G   100G

现在，设备、带宽和应用程序使用量的增加，推动了数据中心使用量的大量增长，这为虚拟化铺平了道路。虚拟化可以更好地利用服务器硬件和支持资源，从而更容易地使用更多的应用程序和添加更多的资源

随着设备数量的增加，所需的带宽急剧增加，这使得速度达到了100Gbit/s。但由于电缆尺寸（和重量）的问题，以及电缆使用距离的限制，从而推动了光缆的使用

第**8**章

VMware、vSphere、vMotion 与VXLAN

在前面的章节中，我们从服务器和网络的角度（但从与软件无关的角度）研究了数据中心的虚拟化。这在处理技术及其操作背后的理论的高层级概述时效果很好。但是，现在我们需要继续讨论较低层级的细节，这将需要查看特定的虚拟机管理程序（hypervisor）而不是通用示例。为简化起见，本章将深入介绍领先的 hypervisor 提供商 VMware 及其产品，例如 vSphere、vMotion 和 VXLAN 等。

8.1 VMware 产品设计

VMware 可能是最知名的虚拟化厂商了。事实上，许多技术人员早在 21 世纪初期就开始接触虚拟化，当时使用的是 VMware 工作站和后来的 GSX 免费软件产品，如 VM Player。

自 2001 年 VMware 推出 VMware GSX 服务器（2 型）和 ESX 服务器（1 型）hypervisor 产品后，VMware 就开始生产针对服务器市场的 hypervisor。hypervisor 为视频适配器、网络适配器和硬盘适配器提供了一套虚拟化的硬件，并通过驱动程序来支持访客的 USB、串行和并行设备。因此，VMware 虚拟机（VM）具有高度的可移植性，并且能够在几乎任何硬件上运行，因为每台主机看起来实际上都与虚拟机完全相同。

早期的一个特性引发了网络和服务器管理员的想象力，那就是能够暂停在虚拟机客户端上运行的操作，然后将该虚拟机文件迁移到另一个物理位置上，并在服务被暂停的同一时间点恢复操作。在 21 世纪初，这几乎是难以置信的，即使是现在，它仍然不免让那些第一次目睹它的人感到惊讶。这与传统的半永久性服务器－操作系统－应用程序组合有很大的不同。

VMware 拥有广泛的产品线，但本章仅涵盖企业级 VMware vSphere 产品，这个企业级产品有时称为 ESXi，是一种性能更高的虚拟机管理程序。它可以轻松地超越它的兄弟软件版本 VMware Server。vSphere 性能水平的提高是因为它是 Type 1 型产品，直接在未安装操作系统的主机服务器上运行。这种裸机配置允许客户虚拟机（几乎可以）直接访问主机硬件设备，使它比 VMware

Server 产品具有更高的性能。VMware Server 是 Type 2 型产品，VMware Server（GSX）运行在主机服务器上运行的本地操作系统之上，这使得它对于初学者来说更容易安装和配置，因此，它在测试和评估场景中非常流行。不幸的是，它常常会被用于生产部署中，而这是不应该的。作为虚拟化最佳实践，VMware ESXi 应该用于生产建设。

VMware 还拥有先进的云管理软件，例如 vCloud Director，它是一个由软件定义的网络和安全解决方案。此后，vCloud Director 已被 vRealize Suite 取代（通过收购）。

1. vSphere

vSphere 是一款数据中心服务器产品，它利用虚拟化的技术将传统计算架构转换为简化的虚拟化基础设施或私有云。vCenter Server（vSphere 系列产品的一部分）为数据中心提供单点控制和管理能力。VMware vSphere 可以理解为操作系统的操作系统，这里我们回想一下以前对 hypervisor 的定义。作为一个裸机管理程序，它是一个操作系统，用于管理动态操作环境，如数据中心。

组成 vSphere 的组件如下：

1）基础设施服务，具备抽取、汇聚功能，并通过 vCompute、vStorage 和 vNetwork 服务等组件分配硬件资源。

2）应用程序服务，具备高可用性和容错性，为应用程序提供可用性、安全性和可扩展性。

3）客户端，IT 管理用户通过客户端（如 vSphere 客户端）访问 vSphere，或通过浏览器进行 Web 访问。

如图 8-1 所示，VMware vSphere 由几个功能组件组成，如 ESX 和 ESXi，它们是运行在物理服务器上的虚拟化层，将处理器、内存、存储和资源分配到多个虚拟机中。

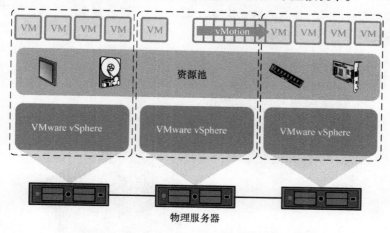

图 8-1　vSphere 是用于云计算环境的操作系统

ESX 和 ESXi 的区别在于前者有一个内置的服务控制台，而 ESXi 有可安装版本或嵌入式版本。vSphere 的其他重要组件包括：

1）虚拟机文件系统（VMFS），这是一个高性能集群文件系统。

2）虚拟 SMP，它允许单个虚拟机同时使用多个物理 CPU。

3）vMotion，它支持实时迁移正在运行的虚拟机。

4）分布式资源调度器，它根据虚拟机的硬件资源平衡分配计算能力。

5）整合备份，这是一种提供虚拟机无代理备份的工具。

6）容错，它是创建的原始虚拟机的辅助副本，应用于主虚拟机的所有操作，也应用于辅助虚拟机。

7）vNetwork 分发交换，这是一种分布式虚拟交换机（DVS），跨越 ESX/ESXi 主机，可显著减少日常网络维护工作，并能提高网络容量。

8）可插拔存储阵列，这是一种存储插件框架，可以提供多路径负载均衡，以提高存储性能。

2. vMotion

vSphere 的一个惊人的特性是 vMotion，它允许一个活动的虚拟机通过网络以对用户完全透明的方式实时迁移到另一台物理服务器上。这个特性绝对令人难以置信，更惊人的是，VMware 是如何管理这个特性的（它确实做到了，而且看起来非常简单）？VMware 所要做的是将一个正在运行的虚拟机从一台物理服务器迁移到另一台物理服务器而不需要停机，同时要确保连续的服务可用性和事务完整性。唯一需要注意的是，vMotion 只能迁移同一个数据中心内的虚拟机，它不支持虚拟机从一个数据中心迁移到另一个数据中心。即便如此，这还是一个令人惊叹的特性，它可以在数据中心内实现最大的灵活性和敏捷性，这在以前是很难想象的。

vMotion（见图 8-2）还支持存储 vMotion，即将已启动的虚拟机的虚拟硬盘或配置文件迁移到新的数据存储中。使用存储 vMotion 进行迁移，管理员可以在不中断虚拟机可用性的情况下迁移虚拟机的存储。需要注意的是，冻结或暂停的虚拟机可以跨数据中心迁移，但活动的虚拟机只能在数据中心内迁移。

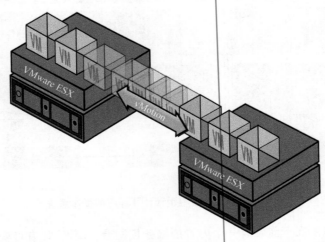

图 8-2　使用 vMotion，活动虚拟机可以通过网络以对用户完全透明的方式迁移到另一台物理服务器

这里有一个关键的细微差别。vMotion 和存储 vMotion 是两个不同的功能。vMotion 的工作原

理是共享存储，也就是说，一个虚拟机可以迁移是因为数据（存储）是共享的。存储 vMotion 是一个允许迁移数据的存储管理功能。

vMotion 提供了令人印象深刻的敏捷性和灵活性，尤其是当你考虑到这些虚拟机还在运行中，这个功能可以确保绝对的事务完整性和服务持续可用性。

3. VXLAN

从名字上你可能会猜到，VXLAN 是一个与 VLAN 关系密切的虚拟化协议，VLAN 本身就是一个虚拟化协议，用于在物理网络（如以太网或空口）上创建虚拟的第二层局域网接口。VX-LAN 提供与 VLAN 相同的服务和用途，但它扩展了功能，解决了 VLAN 的一些缺陷。

VLAN 最大的缺点之一是，协议创建时 VLAN ID 只分配了 8 位，这意味着它只能处理 4096个唯一的 VLAN。在 IP/MPLS 核心网承载第三层虚拟专用网（VPN）服务（使用其他技术来缓解地址容量问题）之前，这似乎是一个巨大的数字。因此，在为虚拟化重新设计协议时，VXLAN 寻址方案被赋予了 24 个地址位，使其拥有了高达 1600 万个 VXLAN 标识符，这对于最大的数据中心来说也足够了。

VXLAN 还可以更好地利用底层基础设施中的可用网络路径。VLAN 需要使用一个名为Spanning Tree 的协议，通过关闭网络中的冗余路径来防止环路。如果没有这个功能，那么看似无害的管理消息可能会循环和繁殖，以致产生所谓的广播风暴，这会迅速使网络瘫痪。然而，Spanning Tree 协议有一个不可取的地方，就是关闭了很多端口，目的是防止它们在可能形成环路的路径上转发消息。相比之下，VXLAN 使用第三层报头，这也意味着可以对其进行路由，并利用等价的多路径路由和链路聚合协议来最佳利用所有可用路径，而不会造成广播风暴。

虽然听起来非常复杂，但重点是 VXLAN 有效地在（第三层）IP 网络上传输（第二层）以太网帧。实际上，VXLAN 是一个覆盖在第三层网络上的第二层覆盖方案。它使用了一种将 MAC地址封装在用户数据报协议（MAC – UDP）中的技术来隧道化 IP。因此，VXLAN 是使用了共享通用物理基础结构的大规模多租户环境的解决方案。VXLAN 工作原理是将第三层报头添加到第二层的帧上，然后将其封装在 UDP – IP 数据包中。因此，VXLAN 通过第三层网络对第二层帧进行隧道化，从而实现了大规模的第二层数据中心网络，这些网络易于管理，并允许信息的有效迁移。

VXLAN 隧道端点 VXLAN 使用 VTEP（VXLAN 隧道端点）设备将租户和终端设备映射到 VX-LAN 段，并执行封装/解封装。如图 8-3 所示，每个 VTEP 有两个接口：本地局域网上的交换机接口和 IP 传输网络上的接口。

IP 接口有一个唯一的 IP 地址，用于标识 IP 传输网络（也被称为基础设施 VLAN）上的VTEP 设备。该 VTEP 使用这个 IP 地址来封装以太网帧，并通过 IP 接口和 IP 传输网络进行传输。此外，VTEP 设备可发现其 VXLAN 段的远程 VTEP，并完成远程 MAC 地址到 VTEP的映射。

注意：VTEP 用于物理交换机，将虚拟网络和物理网段连接起来。

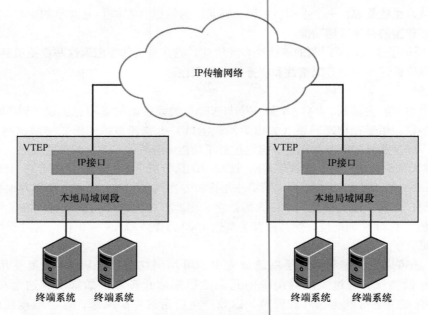

图 8-3　VXLAN 隧道端点（VTEP）将租户和终端设备映射到 VXLAN 段上

8.2　小结

VMware 已将许多产品推向市场，这些产品可帮助管理大规模的虚拟化环境，这就是真正的收获。这些产品有趣且设计精良，但它们都是由于虚拟化数据中心和云的爆炸性扩展而产生的。早期的数据中心是以流量的高效移动为前提的，而现代数据中心也必须考虑到大规模的协调。

第9章

多租户和社区生活问题

多租户是虚拟化中的一个重要概念，要让客户接受"公共生活"的概念，就需要改变企业对数据安全的看法。多租户在"有些书"中的定义是一种计算或网络模式，其中多个客户端在共享基础设施上使用相同的资源。在云计算中，多租户同时用于软件即服务（SaaS）和基础设施即服务（IaaS）环境。事实上，多租户几乎是这两种常态，原因之一是商业模式发挥的作用。本章将介绍每种模式示例，并解释多租户在不同类型的虚拟化环境中的工作方式。

9.1 SaaS 多租户模式

有很多多租户的软件服务应用程序（例如大多数在线电子邮件系统），其中客户资源管理（CRM）公司的 Salesforce. com（SF）通常被认为是 SaaS 多租户模式的典型代表，因为它存储的数据价值很高，而且被认为是非常机密的。

SF 允许公司跟踪有关其所有销售前景、潜在客户和客户的信息，并在销售周期和成为付费客户后衡量整个销售周期和支持周期的进度。SF 与众不同的是，它们没有要求客户购买、安装和维护客户资源的管理软件，而是托管了所有内容，包括客户数据。事实上，它们的宣传标识有"软件"这个词，但用圆圈和线条将其删掉了。换句话说，它们指出"无软件"的方法（比如它们的客户在使用它们的服务时没有购买、安装或管理任何软件）是一个值得夸耀的优势，它们在大多数人知道什么是软件即服务之前就这样做了。结果发现它们确实做得不错。

这种模式的一大优势是，客户可以从任何地方访问它们的信息，因为它是基于 Web 的，现在这在客户资源管理和其他企业应用程序中已经司空见惯了。如果你的销售团队碰巧是流动的，并且地理位置分散（当然，通常是这样），那么它是客户/潜在顾客跟踪工具的理想之选。

当 SF 成立时，通过为每个不同的客户使用单独的物理服务器，可以轻松实现多租户，这是它们初期最先进的技术。SF 选择了一个新的多租户模式，其基础是应用程序本身被设计为支持数十万用户。这是非常大规模的应用级多租户的首批示例之一。

与许多 SaaS 提供商一样，SF 使用单一的托管软件应用实例。这不仅仅是确保它们的所有客户都使用同一个版本；这实际上意味着 SF 运行一个大型应用程序，而它们的所有客户都在同时使用相同的软件。客户之间的区别在于如何对每个客户的数据进行分区和访问，以及应用程序本身如何处理多租户和账户分区。

如图 9-1 所示，每个租户（相当于每个客户端数百或数千个用户）登录到一个大型应用程序（运行在多个服务器上），这些服务器访问一个大型数据池。当然，这有点简单化了。事实上，SaaS 提供商将有几个负载均衡的数据中心，以及灾难恢复站点，但从逻辑上讲，它是一个大的资源池。

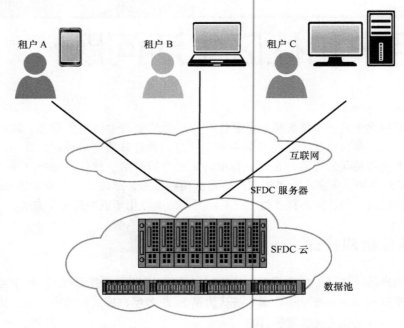

图 9-1　Salesforce. com 网站是一个典型的企业级 SaaS 应用程序，
其中所有客户端访问单个实时应用程序时，该应用程序向每个客户端提供自己的数据

每个客户都可以在一定程度上定制其界面，但是这些选项是由提供商提供给租户的，它们可能会在更高的服务层上提供更多的定制选项。例如，基本层可能允许少量的接口选项或附加选项。在较高的支付层级，客户可能有一些额外的选择。重要的是要区分这些不是完全可定制的界面，而是由提供商提供给客户端的菜单驱动的选项。

1. SaaS 多租户模式的优缺点

在这种模式下，多租户的最大优势是与单独使用模式下支付的费用相比为提供商（房东）和客户（租户）节省了成本。

在提供商方面，支持成本大幅降低，而 SF 是最早"实现这一目标"的公司之一。事实上，在虚拟化允许客户按照当前构建云的方式构建云之前，其就采用了这种商业模式。让我们来看看提供商在构建一个商业（企业级）软件程序的过程中经历了什么，以说明它们之间的差异。

首先，软件公司必须开发一些软件，并将其设计成可以在任何数量的硬件系统上工作（尤其是如果软件不是作为虚拟设备交付的，它会将软件与单个操作系统绑定在一起）。软件公司还必须弄清楚包装、防盗版技术和相关法律事宜——大量额外的工作（时间和金钱）是去做与软件开发没有直接关系的事情。但这并没有就此结束。开发团队可能会继续添加特性，导致软件更新。新客户将获得最新的版本，但现有客户可能会也可能不会采用它们。或者，也许客户会采用，但有些会跳过更新。不过所有客户都需要某种程度的支持和更新控制。

软件开发人员最终得到的是映射到所支持的各种硬件设备的软件版本的巨大矩阵，随着升级的进行，这些版本会随着时间的推移而变化。这最终会成为业务中一个非常昂贵的部分，它会推高提供商的成本，然后由提供商将这些成本转嫁给用户。它还大大加长了软件开发生命周期，导致软件提供商每 18 个月到 2 年发布一次主要版本。这对云时代来说像几个世纪了。

Salesforce.com 和采用类似多租户模式的公司，基本上已经从其业务中消除了大部分这类成本。这对公司是好事，对其顾客也有好处。对于 SaaS 多租户模式，软件开发人员（同时也是服务提供商）在任何给定时间都有一个实时软件版本。没有运输成本，没有许可证问题，几乎没有盗版软件问题（至少不是典型问题），也不担心支持硬件到软件的矩阵式组合，以及在各种硬件平台上迁移软件的版本问题。

提供商开发软件，并将其安装在它们选择的硬件上（通常是为提供商定制的）。当一个新的软件版本发布时，只有一个迁移路径（因为在任何给定的时间内只有一个版本）。当然，还有一些新的考虑。提供商必须维护至少两个大型数据中心，并且必须确保可靠的访问，但这些成本远低于此模式减少的成本。最棒的是，它将典型的软件发布窗口缩短为每月一次，而以前传统大型软件提供商可能每两年发布一次。它还提供了有关最终用户如何实际使用该应用程序的形为的详细分析。而这种使用信息是传统软件公司垂涎欲滴，但却很少能得到的东西。

租户们也从节省的成本中获利。无须在本地以外的数百台或数千台计算机上安装、维护或升级软件，也无须创建和维护大数据存储设施。事实上，基本不存在设施资本支出，只是每月的运营费用产生账单。

不过这种模式的最大缺点通常被认为是共享服务的安全风险和某种隐患可能会导致访问中断。当然，这些都是真正的风险，但这些风险与任何公司实际拥有并在自己的系统上安装应用程序时所面临的风险基本相同。事实上，你可以提出这样的论点：在多租户模式中，提供商在安全性和数据弹性方面的成熟度要优于大多数客户公司所能达到的水平。提供商的整个业务都依赖于其确保安全性的能力，所以类似的可用性问题很少发生。

更大的问题是可能出现软件错误或配置错误，这会使一个客户无意中看到、访问甚至修改另一个客户的数据。由于客户数据共享数据库，这是 SaaS 多租户模式所独有的风险。当你知道你有自己的操作系统和你自己的虚拟机来保护你的数据时，生活似乎更安全。对于 SaaS 多租户模式，你的数据和其他数据之间的屏障就是 SaaS 提供商的软件开发人员的能力。

SaaS 多租户模式的另一个常见问题是提供商通常持有客户的所有数据。随着时间的推移，这些数据可能成为公司的重要资产，而对该资产的访问须由第三方控制。当然，第三方控制你的资产是一种风险，但这一领域的大多数公司都有机制可以轻松导出数据，而且有许多第三方工具和服务可以让客户备份和下载其数据的副本。这不仅降低了风险，还降低了从一个提供商切换到另一个提供商的屏障，从而激励提供商提供高价值的服务。

9.2 IaaS 多租户模式

当多个用户共享物理层和网络基础结构而不是应用程序的单个实例时，将产生另一种多租户模式。从技术上讲，在 SaaS 多租户模式中，多客户端共享应用程序和硬件，但它们只能访问应用程序。而使用 IaaS 时，租户共享硬件，每个租户都能够安装和运行自己的应用程序和操作系统。

IaaS 多租户模式是一种限制较少的资源池形式，因为每个云用户都可以运行自己的虚拟机，这可能导致 CPU、RAM、硬盘和网络功能产生数千种资源分配组合形式。

例如，在图 9-2 中，租户 A 可能有一个 RAM 密集型应用程序，该应用程序需要大量 RAM，但在硬盘存储和网络访问方面的需求却很少。租户 B 的 CPU 需求可能较低，需要一些 RAM、大量存储和中等网络访问方面的需求。而租户 C 可能需要高 CPU、低 RAM 和硬盘以及频繁的网络访问方面的需求。这些资源模式可以是大的或小的，也可以是中等的，它们在应用这些资源模式时可以是静态的，也可以是动态的（不同程度的）。

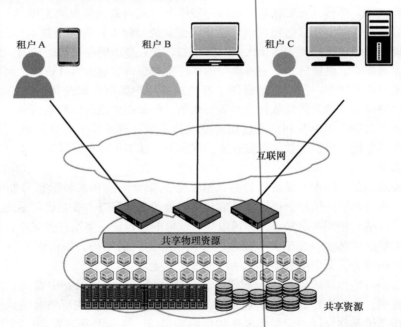

图 9-2   在 IaaS 多租户模式中，客户端加载自己的应用程序，这些应用程序可能都有
不同的资源需求。因此，IaaS 提供商必须相应地规划其资源可用性

从提供商的角度来看，这种管理可能是相当棘手的，因为它们必须根据自己的预测来分配资源，而且它们有强烈的意愿想始终处于产能的"金发地带"。也就是说，如果资源配置太少，就可能会失去客户；如果资源配置太多，就可能会在未使用的资源上赔钱。而拥有（并通过扩展预测）"恰到好处"的资源量将是一大优势。事实上，这就是虚拟中心等工具存在的原因，它

们提供了对所有工作负载的可见性，并在所有可用资源之间平衡它们。

1. IaaS 多租户模式的优缺点

这种模式对第三方的好处与将数据中心虚拟化的公司是一样的。事实上，一个将数据中心虚拟化的公司，从使用专用服务器变为使用共享资源的虚拟机（即实际上是一个私有 IaaS 云）。房东（提供商）和租户（客户）都能从云和云网络所带来的效率提升、成本节约和灵活性方面获益。

另一方面（对于公共 IaaS 云），提供商必须实现和维护虚拟化的基础设施和云网络，这可能是一项复杂的工作，因为可能需要满足一些不可预测的客户行为的需求，而不必在过多的容量上浪费资金。

在这个模式中，安全性问题比在 SaaS 模式中更值得关注。与 SaaS 应用程序不同，SaaS 应用程序是单一用途的，并由提供商严格控制，而 IaaS 客户可以将任何形式的应用程序或数据存放在与你（相关方）相同的服务器和网络上。

作为客户，你应该关心你的邻居是谁，他们在做什么。当然，你不可能知道这一点，而且提供商也不会告诉你（可能它自己也无法完全了解这一点），但如果它正在做一些非法的或不安全的事情，那么其可能最终会影响到你。从租客的角度来看，这是有道理的：如果你是一个守法的租客，当你发现你的邻居在经营一个毒品实验室，经营一个赌博窝点，或窝藏危险的逃犯，你有理由要担心。我们将第 8 部分深入讨论安全性。因此，目前的要点是，随着租户灵活性的提高，所有其他租户都会更加关注。

不幸的是，基于虚拟化的多租户（也就是基础设施即服务云的基础）之所以出现，只是因为一些应用程序开发者没有做好他们的工作。除了在精心设计的 SaaS 多租户模式的基础设施的情况下，IT 设计人员很少相信应用程序能够维护多租户。因为只需要一个 bug 就可以把两个不同客户的数据集混在一起。而通过虚拟化，你可以依靠虚拟机管理程序来实现多租户，也就是说，当实现应用级多租户时，它能带来强大的成本节约和效率提升。

多租户技术
与其他用户共享计算资源

你的"公寓"

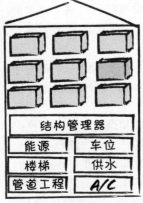

云或数据中心的多租户概念类似于公寓楼，那里有多个租户。就像公寓一样，云用户也有自己的空间（一个虚拟机或一组服务器）。大多数其他服务是共享的，而且通常有某种管理器来处理计费并确保服务的正确分配

你的虚拟机

已知

未知

基础设施的其他用户是谁
程序共享
安全性能

虽然在使用多租户环境方面可以节约大量成本和提高效率，但从定义上讲，在关键资产的程序和控制方面（特别是在发生停机时）会失去一些控制和确定性。为了尽量减少误解，必须了解一些已知和未知事项

实现多租户的两种方法

数据库

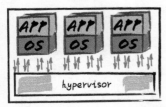

在你租用的多租户数据库版本中，通常会与其他用户共享服务器的"VM"
在这个多租户版本中，你可以为虚拟机租用时间/资源来进行操作

- 通常用于SaaS数据库
- 为不同客户划分虚拟机
- 这是一个完全共享的基础设施

基础设施

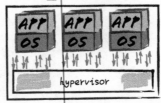

在你租用的多租户基础设施版本中，你的虚拟机运行在其中的服务器上
在这个多租户版本中，你可以租用运行应用程序的设备

- 通常用于IaaS
- 隔离网络和存储
- 你的虚拟机与其他应用程序隔离

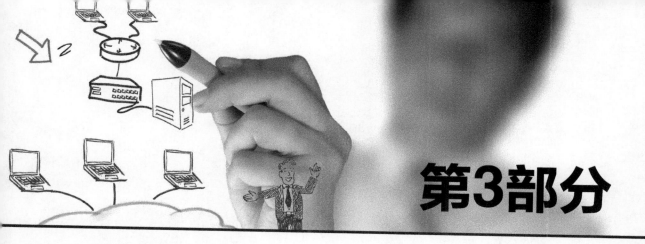

第3部分

网络功能虚拟化：为什么要停止使用服务器

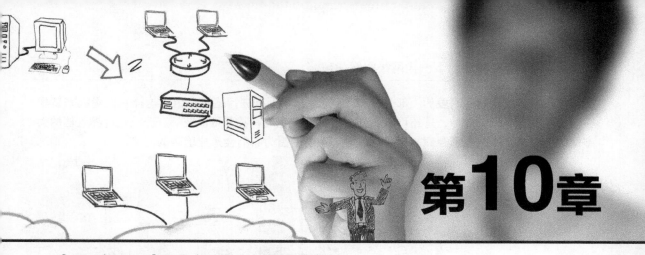

第10章

如何虚拟化网络

本章试图回答一个重要问题：如何虚拟化网络？不过，在试图回答之前，最好退一步先回答几个"大"问题，例如：

■ 网络虚拟化到底是什么？它与本书目前为止所涵盖的虚拟化有什么关系？

■ 网络虚拟化如何融入网络功能虚拟化（NFV）和软件定义网络（SDN）的宏伟方案？

一旦我们回答了这些问题，就更容易回答本章提出的问题。更重要的是，这些答案提供了我们为什么要虚拟化网络的答案的框架。

10.1 网络虚拟化

正如前面所提到的，虚拟化（当作为一个独立的短语使用时通常指服务器虚拟化）指的是从硬件中抽象出应用程序和操作系统。

同样，网络虚拟化是从网络的物理排列中抽象出网络端点。换句话说，网络虚拟化允许你在独立于其物理位置的网络上对端点进行分组或排列。

值得注意的是，网络虚拟化并不是什么新鲜事。事实上，它已经存在很久了。最常见的网络虚拟化形式是虚拟局域网（VLAN）、虚拟专用网（VPN）和多协议标签交换（MPLS）。所有这些技术本质上使管理员能够将物理上分离的端点分组到逻辑组中，这使得它们的行为（表象）就好像它们都在同一个本地（物理）段上。这样做能使得流量控制、安全和网络管理的效率大大提高。

在许多情况下，这种类型的虚拟化是通过某种形式的封装来执行的，即同一逻辑组中端点之间的消息或通信被"打包"成另一条更适合通过网络的物理段传输的消息。一旦消息到达端点，原始消息就被解包，并且目标端点接收消息的格式与两个端点在网络的同一物理段上时的格式相同。

图 10-1 说明了虚拟局域网（VLAN）的一种使用方法。在这种情况下，不同部门的工作人员在一栋大楼的多个楼层工作。一个交换机可以为大楼的每一层提供服务，这样给定楼层上的

所有工作人员都是同一网段的一部分。VLAN 允许你对端点进行逻辑分组，这样它们看起来就像在同一个段上一样。此外，这还可以在许多建筑物中完成，甚至可以在端点分散在世界各地的大型网络中完成，不过在远距离扩展 VLAN 时应小心，因为它们会造成脆弱的网络。

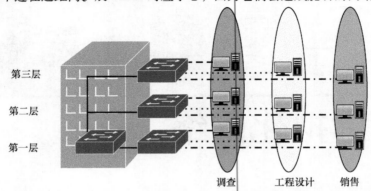

第三层

第二层

第一层

调查　　　工程设计　　　销售

图 10-1　虚拟局域网（VLAN）是网络虚拟化的一种早期形式，它允许物理上独立的
端点表现为好像它们都连接到同一个本地交换机上

事实证明，这种已经存在多年的老技术使得服务器虚拟化（或者更准确地连接虚拟机）变得更加容易和高效。当你想象虚拟机在虚拟化数据中心或云中的任意地方运行，然后被暂停、迁移、重新启动，甚至在仍然处于活动状态时被迁移，原因就很容易理解了。

所有这些自发的创建和迁移都不考虑数据中心中的特定物理位置（甚至不考虑特定数据中心），因此创建和管理逻辑分组的能力变得至关重要。

10. 2　NFV 与 SDN 如何配合

通过对前几章中服务器虚拟化的基本理解，以及对网络虚拟化的最新理解，来简单说明一下它们与网络功能虚拟化（NFV）和软件定义网络（SDN）之间的关系。为了保持上下文的连贯性，这里对所有四个主题进行了总结。

1. 服务器虚拟化

服务器虚拟化是将应用程序和操作系统从物理服务器中抽象出来。这样就可以创建虚拟机（应用程序和操作系统对），能够大大提高物理服务器的使用效率，并在应用程序的配置方面提供巨大的灵活性。

2. 网络虚拟化

网络虚拟化是指在网络上创建端点的逻辑分组。在这种情况下，端点是从它们的物理位置抽象出来的，这样虚拟机（和其他资产）可以像它们都在网络的同一个物理段上一样进行外观、行为和管理。这是一种较老旧的技术，但在虚拟环境中非常关键，在虚拟环境中，资产的创建和迁移不考虑物理位置。这里的创新之处在于自动化和管理工具是专门为虚拟化数据中心和云的规模与弹性能力而构建的。

3. 网络功能虚拟化

网络功能虚拟化（NFV）指的是第四层到第七层服务的虚拟化，如负载均衡和防火墙。基本上，这是将某些类型的网络设备转换为虚拟机，然后可以在需要的地方快速方便地部署它们。网络功能虚拟化的出现是为了解决因为虚拟化带来的效率低下的问题。这是一个新概念，到目前为止，只讨论了虚拟化的好处，但是虚拟化也会带来很多问题。其中之一是往返于通常位于数据中心网络边缘的网络设备的流量路由。随着虚拟机的兴起和迁移，流量变得非常多样化，这给必须服务于流量的固定设备带来了问题。网络功能虚拟化允许我们创建一个功能的虚拟实例，比如防火墙，它可以很容易地"启动"并放置在需要的地方，就像虚拟机一样。本节的大部分内容都集中在如何实现这一点。

4. 软件定义网络

软件定义网络（SDN）是指对网络进行编程的能力。软件定义网络是一种较新的技术，是虚拟化和数据通信"瓶颈"位置转移的结果。简言之，设置或更改网络的能力无法跟上只需单击一个按钮就可以配置应用程序的能力。软件定义网络使网络可编程（这意味着网络管理员可以根据不断变化的需求快速调整网络）。软件定义网络是通过将控制平面（网络的大脑）与数据平面（网络的肌肉）分离而实现的。软件定义网络在第 5 章和第 6 章中详细介绍。

这四种技术都是为了提高网络和数据通信的迁移性和灵活性而设计的。然而，服务器虚拟化、网络虚拟化和网络功能虚拟化都可以在现有的网络上工作，因为它们驻留在服务器上，并与发送给它们的"精心整理后"流量进行交互。然而，软件定义网络需要一个新的网络拓扑和软件定义网络感知设备，其中数据和控制平面是分开的和可编程的。

10.3　虚拟化网络

向网络虚拟化转变是个好主意，原因之一是它可以让网络管理员和用户充分实现服务器虚拟化的许多超赞的功能，如 vMotion、快照备份和单键灾难恢复（仅举几例）。事实上，虚拟化网络最常见的原因正是为了让虚拟机的迁移性和 vMotion 发挥作用。

在第 9 章中，我们向大家介绍了虚拟可拓展局域网（VXLAN），虚拟可拓展局域网是一种具有扩展功能的虚拟局域网（VLAN）技术，可以通过 IP 传输网络来隧道化第 2 层帧，并将 VLAN 的数量扩大到超过 4096。这样形成的"隧道"可以在网络中桥接虚拟可扩展的 VXLAN 隧道端点（VTEP）设备，使数据传输变得轻松简单，无论端点在哪里（或者是否移动）。

如前所述，支持应用程序或服务的虚拟机需要通过物理交换和路由进行网络连接，以便能够通过广域网链路或互联网连接到其他切换数据中心或云的虚拟机。此外，在数据中心环境中，网络还要求安全性和负载均衡。流量离开虚拟机，首先遇到的交换机是虚拟机管理程序（hypervisor），然后是 TOR 或 EOR 的物理交换机。换句话说，流量一旦离开 hypervisor，就会出现在物理网络上，不幸的是，这个网络不容易跟上与之相连的虚拟机快速变化的状态。

解决这个问题的方法是创建一个虚拟机的逻辑网络，其跨越流量所经过的物理网络。VX-LAN（见图 10-2）与大多数网络虚拟化一样，通过使用封装来实现这一点。不过，与简单的 VLAN 不同，在任何给定的物理网络上，VLAN 只能创建 4096 个逻辑网络，而 VXLAN 可以创建大约 1600 万个。当涉及大型数据中心和云时，这种规模非常重要。

假设你的网络上有两个虚拟机集群，并且设想路由器分隔这些集群，因为它们处于不同的

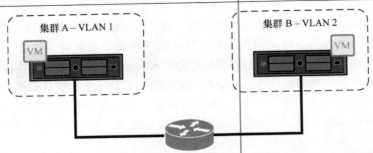

图 10-2　虚拟可拓展局域网（VXLAN）允许在一个物理网络上有数百万个逻辑分区

数据中心中。在这种情况下，两个集群都在不同的 VLAN 上。要让这两个虚拟机相互通信，它们之间的流量必须通过路由。现在假设你希望这些集群在同一 VLAN 上。

如图 10-3 所示，通过使用 VXLAN，你可以设置一个 VTEP，该隧道端点在一端封装或包装虚拟机流量，以便通过路由网络进行传输，然后在另一端取消封装（剥离包装）。这有效地在两个集群之间创建了一个逻辑网络，现在这些集群看起来就像在同一个本地网络的交换网段上了。

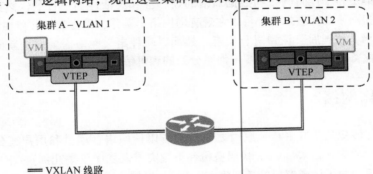

━━ VXLAN 线路

图 10-3　VTEP 在两个集群之间创建一个逻辑网络，然后这些集群看起来
就像在同一个本地网络的交换网段上了

那么，这有什么大不了的呢？

如果是一个新的网络，这可能看起来不是一个很大的突破。但是，如果你熟悉网络，你可能会想，"这只是创建 VLAN 的另一种方法。"不过，除了这一点，它还有更大价值，因为一般的网络虚拟化，尤其是 VXLAN，在数据中心/云规模上具有一些关键优势：

■ 首先，此功能可以实现向软件定义的数据中心模型的迁移。使用 vSphere 管理员来配置能通过不同网络相互通信的虚拟机，而不必让网络团队参与配置物理交换机和路由器，这消除了数据中心虚拟化为我们提供的灵活性中最大的瓶颈之一。

■ 这项技术突破了以前 4096 个 VLAN 的限制。

■ VXLAN 运行在标准交换硬件上，在交换机上不需要进行软件升级或不需要特殊代码版本。因此，你可以使用已有的网络进行虚拟化。

总之，网络虚拟化虽然是一种较老的技术，但在虚拟化数据中心和云的创建中起着关键作用。它也是允许和增强 NFV 与 SDN 的关键驱动因素之一，你将在后面的内容中看到。

VLAN的工作原理

它们在云网络中的重要性

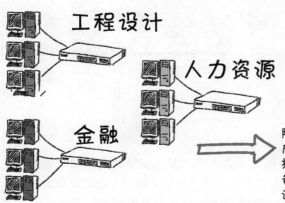

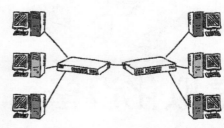

随着网络规模的扩大，不可能把所有同类用户都放在一个共同的交换机上。这导致了虚拟局域网(VLAN)的产生。VLAN是一种将设备进行逻辑分组的手段，使它们看起来像是连接在同一台交换机上。当物理分区不切实际的时候，VLAN提供了逻辑分区和分段的功能

当网络刚推出时，管理员试图将同类用户保持在同一个交换机上。这种局域网(LAN)模式是需要的，因为任何给定的局域网上的机器都会收到相同的网络指令。它还能通过提供物理分段很好地分割用户流量

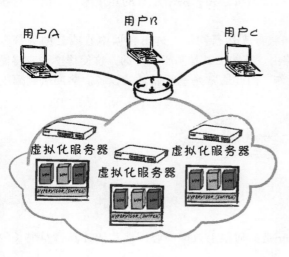

在云环境中，VLAN是必不可少的，因为用户的虚拟机可以跨越多个服务器。VLAN允许将用户资源轻松分组到单个逻辑分区中。更进一步，网络管理员可以将VLAN与其IP子网相关联。子网是划分第三层（路由）域的一种方法。这使得通过互联网连接到云（以及所有资源）变得很容易，而无须手动确认所有连接

请注意，VLAN分段通常被定位为VLAN对用户数据进行分段的一种安全形式，但这是一种非常弱的安全形式，实际上对数据并没有保护作用

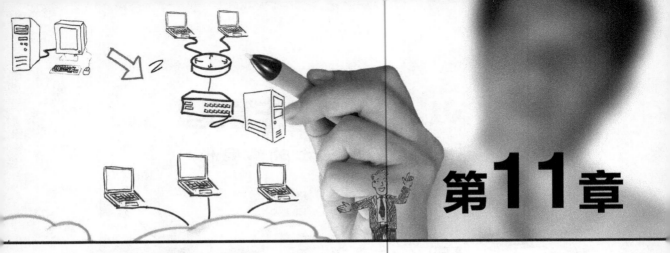

第11章

虚拟化设备

本书中，我们主要关注的是服务器的虚拟化以及它提供的令人惊讶的资源调配速度、灵活性和可伸缩性。当然，这都是真的，但我们也一直在孤立地看待这个问题。也就是说，我们一直在研究虚拟机在数据中心内启动和迁移的情况，而没有太多地考虑这可能如何影响与外部世界的通信，或者更确切地说，这会对正在通信的服务和应用程序产生怎样的影响。

应用程序通信在 OSI 模型的第四层到第七层进行控制，OSI 模型描述了网络设备和应用程序如何相互通信。这些层还包括对许多网络功能至关重要的信息，如安全性、负载均衡和优化。第四层到第七层通常统称为 OSI 模型的应用层，本章重点讨论虚拟化对第四层到第七层通信的影响。

11.1　第四层到第七层网络服务

服务器虚拟化动态特性的一个问题是，从将虚拟机连接到网络服务的角度来看，所有这些虚拟机的启动、关闭和迁移都很难管理。

问题是，网络管理员需要大量支持工具和服务来运行网络，进出数据中心或云的大部分（也许全部）流量也都必须通过这些服务进行路由。有些工具是基于软件的，这使得事情变得简单，但是有些服务需要以线速（wire speed）工作，因此通常是基于硬件的设备。第四层到第七层服务的示例包括：

- 数据丢失预防系统
- 防火墙和入侵检测系统（IDS）
- 负载均衡器
- 安全事件和信息管理器（SEIM）
- 安全套接字层（SSL）加速器
- 虚拟专用网（VPN）集中器

这些工具的制造商和消费者面临的挑战之一是如何跟上数据中心网络和云计算日益增长的

速度和灵活性。更具体地说，它们必须跟上线速和不断变化的环境，但它们必须在不丢弃数据包的情况下做到这一点。

为了跟上网络的速度，大多数设备位于网络的边缘。这使得更少（更大、更快）的设备位于更易于管理的入站 WAN 链路附近。在过去几年中，线路速度性能从 1Gbit/s 提高到 10Gbit/s，现在甚至达到 40Gbit/s。

数据中心流量管理的另一个方面是必须平衡进入数据中心的流量负载。负载均衡器利用了必须在网络中内置冗余这一事实。在有紧急情况之前，负载均衡器不会让部分昂贵的基础设施保持闲置状态，而是确保最高的效率和流量性能。

以下是最常见的（第四层到第七层）数据中心工具和服务的简要总结。

1. 防火墙

防火墙允许授权用户的流量通过，但会阻止其他用户。防火墙可以位于数据中心的边缘，也可以位于靠近服务器的位置。近年来出现了向应用程序感知防火墙的转变，使网络管理员能够更好地感知安全性并控制安全性。

2. VPN

虚拟专用网（VPN）在逻辑上分割/隔离网络内的用户流量（通过广域网）。这允许许多用户私下共享公共基础结构，而无须混合流量。在某些情况下，VPN 会加密用户和应用程序之间的流量，这对于流量通过公共互联网时的安全非常重要。如果你曾经去过咖啡店，其中有大约一半的人（不管是否聪明）使用安全的 VPN 来连接回他们的公司办公室。

3. SSL 卸载

安全套接字层（SSL）是一种基于 Web 的加密工具。SSL 已经非常流行，因为它保证了基于 Web 的数据流的安全性，而无须用户干预。SSL 卸载服务为加密提供了一个终止点。

4. 负载均衡器

负载均衡器（LB）引导和传播进入数据中心或云的用户流量。负载均衡是在应用程序上下伸缩时控制流量的一种方法。然而，云计算有一个重要的区别：在以前，可伸缩性意味着是随着时间（数月或数年）来增长。而在云计算中，可伸缩性意味着现在就可以扩大或缩小规模，同时人们要求这种扩展方式不会影响服务质量。以前是架构上的考虑（你设计了网络还要考虑以后可以扩展它），而现在是一个自动函数，可以用于进行实时更改。

在许多情况下，不同的工具和服务一起工作或链接在一起。例如，图 11-1 显示了在传输到数据中心之前进入防火墙的流量。一旦流量通过防火墙，负载均衡器就会分配流量。

自从应用程序从单个计算机迁移到共享服务器和数据中心以来，这些第四层到第七层的服务已经使用了很多年。因此，它们都是网络通信中广为人知的部分。回到最初出现时，大多数服务都是相对简单的工具，不需要有对状态的洞察力或不需要应用程序本身内部发生事情的信息。换句话说，这些工具实际上只需要知道将用户连接到应用程序的规则是什么，而不需要大量关于应用程序所在服务器的信息。改变的是（这在现在应该是显而易见的），使用虚拟化后，应用程序会在数据中心内（或它们之间）迁移，无论是从会话到会话之间，还是在实时会话中。这项活动"打破"了许多为相对静态环境设计的第四层到第七层服务。

与网络的许多方面一样，第四层到第七层服务必须更改，以满足用户的需求。虚拟化的结果

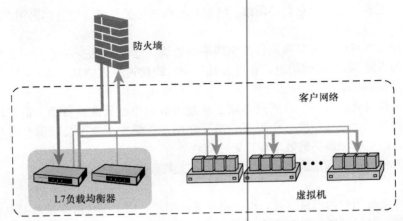

图 11-1　从防火墙到负载均衡器的服务链，以便在分发到数据中心之前先通过防火墙来过滤流量

之一是，第四层到第七层服务现在需要有关应用程序的状态信息，并且此信息必须在整个网络中共享，以确保在会话之间甚至在会话期间内，当应用程序的状态和位置发生变化时，服务可以得到维护。

这是不断出现的虚拟化的一个有趣方面：应用程序的虚拟化为服务器管理员提供了大量自主权，用于处理用户可以使用哪些应用程序、如何使用应用程序以及从哪里使用它们。这种级别的控制速度如此之快，以至于虚拟化的使用水平直线上升，使用户和应用程序之间的所有内容都争先恐后地追赶，包括布线、交换、路由、寻址以及第四层至第七层服务。

11.2　用虚拟化对抗虚拟化

为了应对这些不断变化的使用模式，许多第四层到第七层服务的提供商正在虚拟化它们的服务，以更好地匹配它们现在所处的环境。这既包括通用服务，如 Linux 操作系统（一种开源操作系统）和 HAProxy（一种用于基于 Web 的应用程序的免费负载均衡工具）等通用服务，以及思科、F5、Riverbed 等提供商提供的商业服务。

图 11-2 显示了思科设备虚拟化的方法，它使用 Nexus 交换机向虚拟设备和服务发送流量。当这样的交换机部署为机架顶（TOR）或行末（EOR）交换机时，这些服务可以非常靠近流量源，这有助于保持甚至提高性能。

运行在虚拟机上的虚拟设备可以使用与虚拟机应用程序用于服务器时相同的自动化工具进行部署。这使得迁移和跟踪所有虚拟会话的云管理工具能够管理和跟踪与应用程序相关的第四层到第七层服务。换言之，通过虚拟化第四层到第七层服务，可以构建自助服务工作流，将服务器/应用程序和第四层到第七层服务作为单个部署来一起部署。

在这个模型中，第四层到第七层服务成为另一组虚拟设备，因此它们可以根据应用程序需要进行扩展和缩减。它们也可以很容易地打开或关闭。例如，只有在实际需要时才需要打开负载均衡器，而不是全天运行它们，这样可以有效地利用资源。同时这有助于降低硬件成本并简化操作。

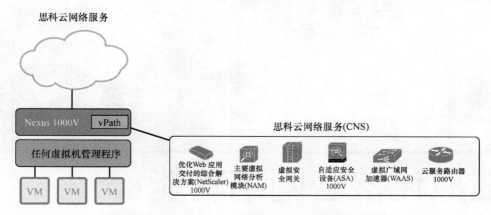

图 11-2　思科设备虚拟化第四层到第七层服务的方法是使用高功率 Nexus 交换机
在数据中心内（而不是数据中心边缘）提供接近流量源的服务

11.3　接下来要做什么

　　应用程序体系结构正在扩展，应用程序服务需要与虚拟机的规模和自动化水平相匹配，以确保高效的操作和用户满意度。实现这一点的最佳方法是虚拟化第四层到第七层服务，并使它们与它们支持的应用程序成为同一结构的一部分。这也意味着第四层到第七层服务现在必须对应用流量有状态感知功能，以确保它们随着虚拟机的增长、收缩和在整个云基础设施中迁移而扩展。

第12章

虚拟化核心网络功能

前几章介绍了网络虚拟化、网络设备虚拟化、甚至网络功能虚拟化的概念和理论。这些都是复杂的主题，因为它们是如此紧密地联系在一起，以致可能造成混乱。因此，在将网络功能虚拟化（NFV）引入核心网络之前，现在是一个适当的时机来回顾一下到目前为止你已经学到的知识，以保持知识体系完整。

12.1 虚拟化回顾

在21世纪初，IT行业使用VMware桌面将虚拟化引入企业，后来随着对技术的信心的增强，大约几年后，通过实施服务器虚拟化，又将虚拟化引入了数据中心。服务器虚拟化是如此成功以至于IT行业很快采用了这种服务器模型，它不仅成为公认的技术，而且成为数据中心的首选服务器拓扑结构。这是由于虚拟机给IT行业和各种业务带来的许多好处。然而，早期的服务器虚拟化虽然非常成功，但却只展示了虚拟机的潜力。如果它们能摆脱传统网络的束缚，那么它们就能够做一些惊艳的事情。

数据中心的网络虚拟化（NV）是虚拟化发展的下一个逻辑步骤。毕竟，服务器虚拟化已经被证明是一种非常有益的技术，它可以节省成本，提升敏捷性和灵活性，而且更重要的是，它还具有可扩展性。事实上，可伸缩性是服务器虚拟化最重要的方面之一，因为它整合了服务器并阻止了传统网络架构中固有的不可持续的服务器扩展问题。通过采用服务器虚拟化，它减少了服务器的数量，并且随之降低了供电和冷却的成本。这创造了一个不断缩小（或至少不扩张）的可持续的数据中心模型。更重要的是，这使得大规模可扩展数据中心成为可能。

服务器虚拟化的成功带来了网络虚拟化，因为这是为应用程序和存储提供虚拟服务器迁移性全部潜力的先决条件。网络虚拟化使用"虚拟化层"的原理，如图12-1所示，它将网络功能从容纳该功能的硬件中抽象出来，网络虚拟化使用协议覆盖层和隧道来创建跨越物理设备的逻辑域，这些逻辑域以前是定义和限定域的。这提供了一个灵活的网络基础设施，当虚拟机在网络中迁移时，可以实时发现、学习和跟踪它们。因此，随着虚拟服务器的强大功能和敏捷性的增强，在灵活、敏捷的虚拟网络之上，人们的想法转向了网络设备虚拟化的可能性。

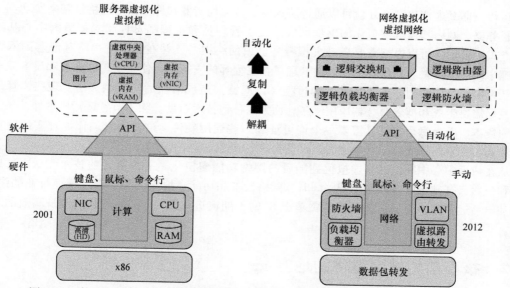

图 12-1　使用"虚拟化层"网络虚拟化将网络功能从容纳这些功能的硬件中抽象出来

　　网络设备的虚拟化是下一个合乎逻辑的演进，许多人质疑为什么可以根据需要启动虚拟服务器，而不是绑定到基于硬件的网络设备上。与服务器虚拟化类似，所需的只是将应用程序软件逻辑与底层专用硬件分开。如图 12-2 所示，一旦应用程序与硬件分离，并移植到标准 x86 服务

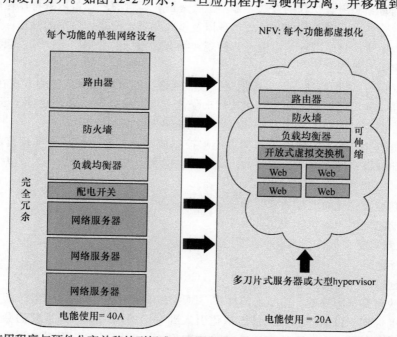

图 12-2　应用程序与硬件分离并移植到标准 x86 服务器上运行后，虚拟化的好处可以通过防火墙、负载均衡器和许多其他网络设备来实现

器上运行，那么虚拟化的好处就可以通过防火墙、负载均衡器和许多其他网络设备来实现。

服务器、网络和设备虚拟化的出现彻底改变了管理员和工程师设计和支持数据中心基础设施的方式。管理员可以根据需要启动虚拟服务器或网络设备，并在几秒钟内将其部署到网络基础设施中的任何位置。相比之下，以前管理员在工程师的支持下，使用物理服务器和设备完成同样的任务需要数周时间。由于硬件订购过程（供应链）造成的滞后时间消失了。现在，管理员可以根据需要生成和部署服务器应用程序，而无须任何技术帮助。除了节省运营成本外，还实现了节约资本，因为每个实例只需要一个许可证和一些通用硬件，这使得它们比物理实体便宜得多。然而，真正的好处在于管理能力，以及交付 NFV 这种新功能的灵活性。

从在数据中心中提供网络虚拟化到随后的网络功能虚拟化是一个巨大的技术飞跃，这成为私有和公共云基础设施的技术基础。同时，网络设备和功能虚拟化已经引起了其他行业的注意，如移动电话运营商，它们正在寻找解决基于 IP 的长期演进（LTE）网络问题的经济高效的解决方案。

12.2　核心功能被虚拟化的地方

企业和应用程序提供商是服务器和设备虚拟化的主要驱动力，这让服务提供商希望使用网络虚拟化来构建动态、虚拟化的核心网络，以满足用户不断增长的需求。特别是，这对移动服务提供商是一个关键发展，它们的用户对移动网络的带宽有着不可抑制的需求。数据消费的爆炸式增长迫使人们重新思考整个联网方式。事实上，之前，运营商还非常乐意将低速率数据传输到移动语音网络上。然而，随着智能手机的出现以及视频和其他流媒体应用的激增，这些运营商不得不重建它们的整个网络。因此，电信运营商现在拥有虚拟化的数据网络，可以像大多数其他应用一样承载数字语音流量。

如图 12-3 所示，通过将核心网络虚拟化，核心网络功能可以以虚拟化的方式在标准 IT 硬件上运行。除了通过使用通用设备和自动化功能来降低成本，服务提供商还获得了云资源的弹性，确保了应用程序使用时所需的网络容量（有些可能是突发性的）。

网络功能虚拟化（NFV）使电信运营商能够控制成本，并使它们从长期锁定的专有硬件中解脱出来，从而降低资本支出和运营成本。此外，它也大大提高了客户的响应能力和新业务的上市速度。

部署网络功能虚拟化对电信运营商的好处如下：

■ 降低资本支出
■ 降低运营支出
■ 增加灵活性
■ 缩短新业务上市时间

然而，做决定是很容易的，但是如何在核心网络中开展网络功能虚拟化呢？

电信运营商倾向于以渐进的方式将虚拟化引入到它们的网络中，并且它们会以一种务实的方式对待网络进化。因为电信运营商运营的是成熟网络，它们通常使用覆盖网络以可控的方式推出变更，并可以在切换之前对其进行操作和测试。在引入虚拟化时，它们通常从最适合虚拟化

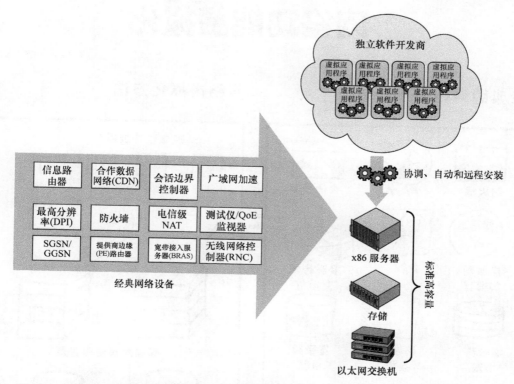

图 12-3　通过将核心网络虚拟化，核心网络功能可以以虚拟化的方式在标准 IT 硬件上运行

的工作负载开始（并非所有服务都可以或应该虚拟化）。适合虚拟化的工作负载通常是网络输入/输出需求较低的 CPU 或 RAM 密集型应用程序。原因是在执行 CPU 和 RAM 密集型任务时，在虚拟机中运行的应用程序性能良好，几乎可以与在物理专用服务器上运行的应用程序不相上下。但是，如果任务是面向输入/输出的（例如，具有多个硬盘读/写的应用程序），那么与在物理服务器上的性能相比，性能会明显下降。对于电信运营商来说，理想的工作负载候选包括视频优化、内容控制、资源定位（URL）过滤、深度数据包检查和其他增值服务（VAS）等服务。

采用这种增量方法，电信运营商可以引入必要的虚拟机，以及其所需的管理系统和到网络基础设施的连接。然而，其他增值服务、CPU 或 RAM 密集型服务和网络监控只是电信运营商可以引入 NFV 的几个潜在领域的几个例子。它们可能瞄准的另一个潜在目标是客户场所内的设备，因为这利用了可以在网络中的任意位置部署虚拟化的能力，而不仅仅是在数据中心，关键是网络虚拟化可以灵活地部署在理想的位置。在客户分界点部署 NFV 更为有利的一个例子是：当内容过滤互联网接入时，与其在被禁止的流量一路通过无线电频谱或固定线路传输后最终被丢弃在互联网网关，不如把它禁止在客户边缘设备上更合理。然而，规划者可能希望 NFV 部署在管理数据包的设备上，以取代负责策略管理的互联网网关上用于深度包检查的设备。NFV 为网络规划者提供的是灵活性的选择。关键是网络规划者挑选候选服务时，会从小处着手，然后逐步引入虚拟化服务和功能。

网络功能虚拟化

经典的网络设备方法

网络虚拟化方法

防火墙　　TDN　　会话控制

广域网
加速器　　DPI　　多服务器
　　　　　　　　　交换机

核心路
由器　　核心交
　　　　换机　　宽带路
　　　　　　　　由器

- 昂贵的设备
- 提供商锁定
- 缺乏集成

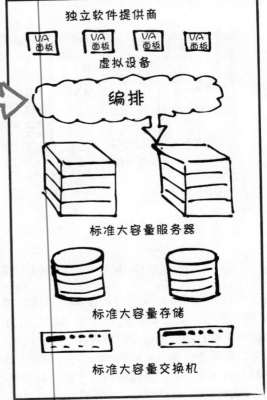

独立软件提供商

UA面板　UA面板　UA面板　UA面板

虚拟设备

编排

标准大容量服务器

标准大容量存储

标准大容量交换机

- 避免提供商锁定
- 设计灵活性
- 更加创新

第13章

可伸缩性和性能

在考虑虚拟化网络的有效性时，可伸缩性和性能是两个关键指标，因此设计者必须了解并测试它们。通常，部署虚拟化是为了获得这些所谓的好处，但在这样做时却没有实际关注这两个关键问题。（通常只是假设）可伸缩性应该是虚拟化中的一个积极属性，性能也是如此。然而，有些时候，它们不是互补的，而是冲突的。事实上，有时候虚拟化可能不是一个好主意。

13.1 可伸缩性和性能概述

让我们考虑一个场景，其中管理员和网络规划师希望转向虚拟化网络。管理员的目标是能够轻松快速地启动虚拟服务器。规划人员的目标是减少物理服务器的数量和未来的部署时间。但具有讽刺意味的是，虚拟化往往会使所要解决的问题变得更糟。

例如，规划者希望整合数据中心的服务器，因为他担心服务器会激增，他认为虚拟机而不是物理服务器将是解决问题的答案。从技术上讲，这是一个很好的主意，所以每个人都同意，服务器虚拟化成为一种常态，一年之内，服务器数量减少了50%。不过，问题是，新流程已经消除了一些关键的限制。例如，安装一个应用程序不再需要几周的预算谈判、项目计划和技术会议。相反，管理员实现了他的愿望，他只需要开始，他可以在几分钟内启动一个虚拟机应用服务器。规划者也很高兴（目前），因为他已经实现了将服务器数量减少50%的目标。一切似乎都按计划进行。

然而，不久之后，用户就开始抱怨性能、可怕的延迟和应用程序滞后。规划者调查了这个异常情况，发现虽然物理服务器数量减少了，但实际的服务器/应用程序数量增加了300%。通过实现虚拟化，服务器数量的激增得到了遏制，但是大量应用程序的快速运行导致了虚拟机应用程序服务器的无限制扩展，这有不好的影响。更复杂的是，网络管理系统无法向业务部门发出性能下降的警报，因为它们无法看到虚拟机监控程序中运行的虚拟交换机。最终的影响是，具有可预测性能的缓慢稳定的推出已被超快推出和不可预测的性能所取代。一些用户可能对此表示满意，但许多用户不同意。

这个例子强调了如果没有通过技术和业务策略来控制虚拟机技术，那么实现虚拟机技术是一件坏事。此外，该场景表明，尽管虚拟化是将数据中心扩展到前所未有的容量的主要解决方案，但网络规划和监控对于成功至关重要。在这种情况下，管理员部署虚拟机时没有进行网络监控，这导致每个物理主机的虚拟机密度太高。管理员可能正在查看 CPU 和 RAM 的利用率，发现它们很低（大约为 40%），因此部署了更多的虚拟机，而不知道虚拟机管理程序、虚拟交换机和网卡正在满负荷运行。

13.2　网络虚拟化中的性能

网络虚拟化的固有性能问题远远超出了虚拟机密度问题和网卡的过度利用问题。虚拟化环境必须允许虚拟机工作负载跨物理服务器无限迁移。此外，虚拟化通常用于需要跨不同地理位置提供资源的多租户环境（云服务）。因此，虚拟化网络必须能够扩展，同时保持客户所需的服务质量（QoS）。因此，虚拟化网络必须完成以下任务：

■ 处理大量的 MAC 地址和虚拟机的爆炸性增长。

■ 可容纳大量局域网（4096——旧的 VLAN 限制已经不能满足需要了）。

■ 提供物理第层二网络的隔离，使每个租户都有在自己的物理网络上运行的错觉，而没有任何性能开销。

13.3　虚拟网络中的可伸缩性和性能

虚拟化网络使用虚拟可扩展局域网（VXLAN）来允许不在同一子网上的服务器执行虚拟机迁移操作，这是服务器虚拟化的一个关键特性。虚拟机还必须能够与其他预定义的工作负载和网络资源交互，而不考虑它们的地理位置如何。实现 VXLAN 是创建基于软件的按需网络的第一步，该网络可以在任何可用的地方利用容量。从技术上讲，这是通过使用 VXLAN 隧道协议和任何 10Gbit/s 以太网接口卡在虚拟机管理程序中安装 VXLAN 来实现的。然而，VXLAN 并非没有挑战。

使用 VXLAN 时的主要挑战是它的封装流量绕过了传统网卡的正常无状态卸载特性。这是因为 CPU 处理数据包的方式，要么单独发送数据包，要么计算每个数据包的校验总和，要么使用一个 CPU 核心来处理所有 VXLAN 隧道流量。这里的解决方案很简单：你可以使用 VXLAN 感知网卡，但是，为网络中的每个设备购买一个网卡可能并不那么简单（而且可能非常昂贵）。

13.4　虚拟设备的可伸缩性和性能

诚然，虚拟化允许只需单击鼠标就可以启动服务器。这种随需应变的特性对于提高成本效益和敏捷性非常重要。那么，为什么不对网络组件做同样的事情呢？毕竟，在这些虚拟服务器上运行的应用程序需要受到防火墙服务的保护，它们可能需要负载均衡，并且对入侵检测系统（IDS）和其他网络服务［如安全套接字层（SSL）加速］也有要求。有人会认为，通过虚拟网络设备来满足这些需求是非常有意义的，管理员可以根据需要启动这些设备，并将其部署到任何需要的地方。这一策略将提供巨大的可伸缩性机会，因为它允许管理员避免在网络边缘的关键位置放置一个巨大的物理设备。相反，可以将更小的虚拟机部署在需要它们的地方，以靠近使用服务或受到保护的资源。

不过，性能是设备网络虚拟化的一个问题。事实证明，许多这样的网络服务应用程序运行在专用的专有硬件上是有原因的。尽管软件和虚拟化技术有了很大的进步，但硬件的切换速度比软件快得多，因此，在以线速处理和移动数据包时，专用硬件设备往往比基于软件的解决方案更受青睐。

这方面的例子包括高速路由、包转发和加密。将这些功能打包到软件中（即使安装在高性能 x86 服务器上）并不能复制专用芯片的线速性能。也许这就是为什么大多数与设备分离的网络功能是用于防火墙或负载均衡的应用程序，这些应用程序可以使用软件中的 CPU 周期进行处理。关键的是，有些网络服务可以作为软件应用程序运行在通用服务器（尽管功能强大）上，但如果线速性能很重要，那么仍然没有替代品可以替代专门为该任务设计的专用硬件。

虚拟化网络设备的另一个问题是，它们通常执行输入/输出（I/O）操作，而虚拟机处理这些操作的能力较差，因为用于虚拟化服务器的 hypervisor 软件也虚拟化了网卡。这意味着每次读/写功能都会占用大量的 CPU 周期，因为访问物理网络意味着 CPU 必须解码需要执行的操作，然后必须模拟网卡的操作。对于需要执行大量读/写操作的函数（例如，某些数据库应用程序），这可能会妨碍性能。

另一个潜在的问题是虚拟机开销，这是通过 hypervisor 的性能损失。以前，唯一的解决方案是让虚拟机绕过 hypervisor 直接与网卡通信，这需要专用的网络接口卡（NIC）。但是，思科和 VMware 公司可以分别为其 VM – FEX 和 VMDirect 产品提供物理接口。

13.5　虚拟化网络的可伸缩性和性能

传统的网络和服务部署依赖少数专有设备提供商的昂贵硬件，相比之下，NFV 提供了许多降低设备成本和提供商锁定的机会。许多公共云提供商利用通用设备（或自行构建的设备）通过将产品作为虚拟化服务进行提供来提高利润率。在私有虚拟化网络中，为了降低成本，会尽可能使用通用 x86 服务器，也采用了类似的方法。

无论采用哪种方法，仍然存在可伸缩性、可靠性和性能方面的挑战，而且这种方法将是相似的，也许只是在操作规模上有所不同。要在数据中心部署网络功能虚拟化（NFV），需要企业级虚拟化基础设施（私有云）。类似地，对于服务提供商来说，既要使用和创建功能与服务，又要通过云提供此服务，则运营商用级公共云基础设施是必需的。

重要的是，虚拟化计算和存储配置的规模和流动性需要与动态更改网络行为的能力保持一致。这就是为什么健壮可靠的网络虚拟化、性能和稳定性至关重要。SDN 也是满足这些需求的重要技术。

实现可伸缩性和性能最大化的另一个考虑因素是确保安装了正确的网络管理工具，并且对整个网络基础设施进行了端到端的监控、管理和资源调配。类似地，对于服务提供商来说，还需要一些工具来实现虚拟化功能的登录、部署和扩展的自动化。

13.6   小结

　　本章介绍了一些不足和注意事项。这并不是要贬低虚拟化在许多地方所具有的能力或优点。相反，它提醒我们，虚拟化并不总是正确的解决方案，即使是正确的解决方案，如果不考虑用户行为往往也会带来灾难性的后果。很明显，如果你构建了一个允许用户单击一个按钮就能启动一个应用程序的系统，那么将会有大量的按钮单击行为，但是设计师们总是会忽略这一点从而导致问题。快速且易于部署的系统不仅使部署变得容易，而且还将使其更具吸引力，不过这意味着需求通常会猛增。如果说虚拟化有什么重要启示的话，那就是：最好是为大规模的应用而不是当前的消耗率而计划。

虚拟设备

防火墙设备
数据中心或云之前的传统设备

所有传入的流量

- 大
- 快
- $$$$
- 所有流量策略

优点：

非常快（专门构建的硬件）
很多功能

缺点：

非常贵
通过少数设备的所有流量必须涵盖许多策略（对于多租户来说，这是一个大问题）

虚拟防火墙

优点：

非常便宜，易于扩展
客户的单个策略

缺点：

性能受限
功能受限

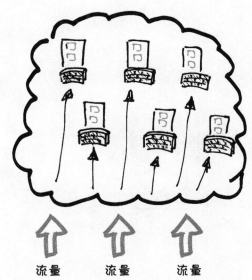

流量　流量　流量

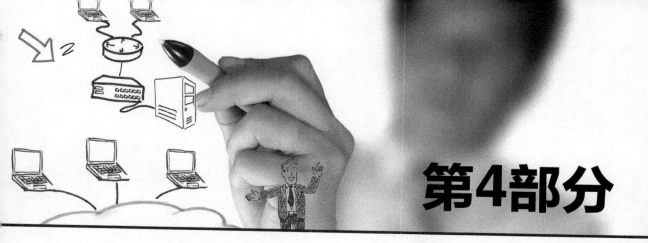

第4部分

现代网络虚拟化方法

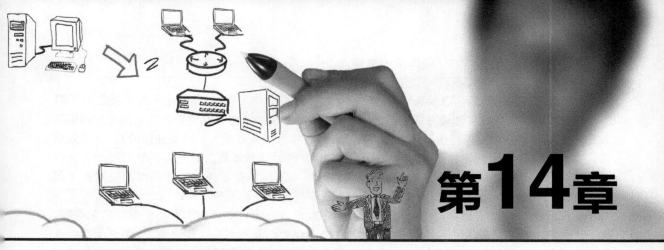

第14章

从消费者到创建者

服务器、存储和网络虚拟化是早期实现云计算的基础技术。当时，从技术角度来看，这是一个非常不同的世界。高速宽带互联网接入很容易获得，但是是通过固定线路接入的。移动电话仍然使用 GPRS 和 WAP，使得它们对电子邮件（没有附件）和短信很有用，但仅此而已。不仅与现在技术不同，而且回过头来看，我们发现企业管理 IT 部门的方式、应用程序的交付方式以及数据的存储方式都与今天不同。

当时，中小型企业（SMB）实际上自己运行服务，将它们托管在小型到中型机房里的高性能服务器上。IT 部门进行维护并向公司员工提供电子邮件、客户资源管理（CRM）、财务包、企业资源规划（ERP）和一系列自制的基于 Web 的应用程序。即使在那时，安全性也是一个主要问题，因此通常这些基于 Web 的服务只能在专用局域网上或通过安全的可远程访问的虚拟专用网络（VPN）来提供。其他应用程序可能需要在用户的台式机上安装瘦客户机，主应用程序驻留在服务器机房的专用计算机上。这是一个"内部自托管"解决方案，当时几乎没有其他更好选择。IT 部门管理层可能已经会决定在服务提供商网络上托管公司的电子商务网站，但服务水平不足和缺乏控制使得这不是一个理想的解决方案。

这种内部部署模型实际上对 IT 部门是好事，因为这给了其对环境的极大控制。管理人员不仅可以控制性能、网络和容量，而且当需要更改推出升级、新部署、重新配置和备份时，他们也是自己主控。随后，他们在开发 Web 应用程序时有了更大的灵活性，因为他们可以随意操纵自己的环境。类似地，他们可以重新配置 Web 服务器并加载或删除模块，而无须在服务提供商的帮助台上经历层层审批。

因此，IT 部门有责任维护这些服务器和正在运行的应用程序。这对 IT 部门来说是很好的（从某种意义上说，IT 部门拥有很大的权力、很大的控制力和非常大的预算），但对业务却非常不利，因为这种自主性付出了巨大的代价。

14.1 SaaS 的出现

然而，在过去的十多年里，网络技术不断发展，允许以不同的方式交付软件应用程序。带宽、可靠性、性能的提高，以及互联网访问安全性的提高，使得 Web 应用程序的扩展超出了 IT 的控制范围，并且可以从公司网络边界之外的资源进行访问。当然，这使得在互联网上使用第三方提供商基于 Web 的应用程序不仅可行，而且具有吸引力（最终成为一种最佳做法）。早期采用者，如 Salesforce. com 网站找到了这种应用程序交付方法的即时市场。通过将其应用程序托管在互联网上，并通过客户端浏览器进行订阅，它们可以为不再需要在内部托管和维护应用程序服务器的客户降低成本。这种模式后来非常成功，被定义为软件即服务（SaaS）。

最初，服务提供商使用一种传统的模式，即在数据中心为每个客户部署一个单独的服务器。这仍然是低效的（它只是将服务器的低效率从一个提供商转移到另一个提供商），但至少这些低效率的成本在提供商方面得到了整合。然而，虚拟化从根本上改变了成本结构。通过虚拟化数据中心，包括计算、存储和网络功能，服务提供商能够整合服务器数量，并成为共享服务器上应用程序的多租户提供商。虚拟化、使用虚拟机和数据库标识符在共享硬件上支持多个租户的能力是 SaaS 作为软件交付模型走向主流所需的推动力。图 14-1 显示了各种多租户模型。

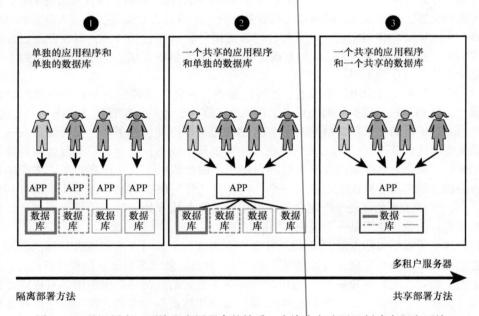

图 14-1　基于用户、环境和应用程序的性质，有许多方法可以创建多租户环境

在当时，这是一个革命性的变革，它给商业客户提供其他服务的方式带来了许多变化。很快，通过互联网提供的不仅仅是软件，还有其他的托管服务。例如，同样的技术允许 IP 语音（VoIP）虚拟电话（IP - PBX），这使企业能够获得托管的基于云的 IP - PBX 的电话特性和功能，而这只占内部平台总成本的一小部分。

很快，这种应用服务提供商模式变得普遍起来，大型服务提供商通过互联网创建软件、开发平台、基础设施、安全和微服务采提供服务。只有在提供商的数据中心进行了虚拟化和云调整，这才是可行的。然而，提供者不一定是服务的创建者。

14.2　云业务消费者到创建者

云业务模型有三个不同的角色：云服务消费者、云服务提供商和云服务创建者。正如你将看到的，这些角色的功能是明确定义的，但角色之间的界限非常模糊：

■ 云服务消费者：消费者是使用通过云服务提供商交付给它们的云服务实例的组织、个人或 IT 系统。一个组织可能仍然维持一个传统的 IT 团队，这个团队需要使用云管理平台的工具来将内部 IT 与云服务提供商的云服务集成起来。

■ 云服务提供商：提供商有责任向云服务消费者提供服务。这些服务是使用云管理平台通过企业性能管理（CPM）基础设施来提供的，或者通过使用另一个提供商的服务来提供。因此，提供商也可能是服务的消费者。云服务提供商提供的服务可以是服务消费者需要的任何类型的IT 功能。典型的功能是软件即服务（SaaS）、基础设施即服务（IaaS）、平台即服务（PaaS）和业务流程即服务（BPaaS）。

■ 云服务创建者：云服务创建者是创建云服务的人，该云服务可以由云服务提供商提供，并由众多服务消费者消费。云服务创建者设计、实现、维护和支持运行时间以及管理对象，例如软件、基础设施、开发平台或业务流程套件。

从定义中可以看出，角色不是固定的，服务的提供商也可以是其他服务的消费者。在大规模运营中，云服务提供商很可能是一个拥有云基础设施的大型数据中心，并且通常是自给自足的。然而，规模较小的云服务提供商虽然也会提供许多 IT 服务，但很可能不得不使用大型云服务提供商提供的其他服务，以获得向最终客户交付服务所需的所有资源。更有趣的是，云服务消费者也是云服务的创建者。

有趣的是，创建者和消费者之间的角色转换。例如，如果一家大型软件公司要生产一个通过SaaS 模型交付的客户资源管理（CRM）软件包，它们将需要创建使其成为服务的所有必需的构件，例如计费、多租户、管理工具等。根据定义，它们是云服务的创建者。然而，这家软件公司可能不想花 10 亿美元来建设自己的与云服务提供商相同的基础设施。取而代之的是，它们可能会决定找一家现有的云服务提供商，后者将在闲置容量的基础设施上托管 SaaS CRM 应用程序。最终用户将使用 SaaS CRM 应用程序的客户端，因此也是云服务的消费者。

许多大型软件公司，如 Salesforce.com 网站、甲骨文公司、IBM 公司和微软公司最初都是云服务提供商。然后，它们将使用 Amazon 公司的云基础设施或构建自己的云基础设施，最后将服务交付给小型企业和企业云服务消费者。

然而，这些消费者组织的存在并不仅仅是为了消费使用软件巨头的云服务。它们中的许多也有自己的产品和服务提供给世界，尽管规模要小得多。因此，小型消费者也有机会成为云服务的创建者。这就是我们现在所目睹的软件革命背后的驱动力。各种规模的企业都发现了云在提供服务方面的巨大潜力。无论是智能手机应用程序、不太复杂的商业软件，还是安全产品，这些企业都抓住了成为云产品创建者的机会，它们的参与正在自下而上地滋养云生态系统。

大型成熟企业拥有自己的本地定制应用程序，它们正通过自己的私有云主动成为云服务提供商。同时，它们也是云服务的创建者，它们将自己开发的应用程序提供给其他组织使用。

　　云基础设施的普及化已经持续了一段时间，并且已变得无处不在。随着越来越多的小企业利用云基础设施向市场交付产品，消费者和创建者之间的差异正在缩小。事实上，在小企业市场，一些组织正在将私有云和公共云混合起来构建自己的混合云基础设施，以支持新的业务计划。

任何人都可以成为云创建者

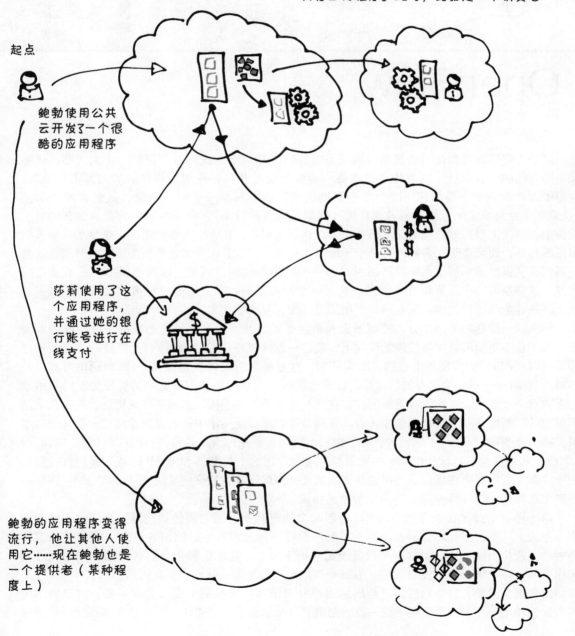

他的应用程序在不同的云上使用第三方引擎和电子商务应用程序。此时，鲍勃是一个消费者

起点

鲍勃使用公共云开发了一个很酷的应用程序

莎莉使用了这个应用程序，并通过她的银行账号进行在线支付

鲍勃的应用程序变得流行，他让其他人使用它……现在鲍勃也是一个提供者（某种程度上）

OpenFlow

网络工程师在虚拟化网络基础设施设备（如路由器和交换机）时会遇到一个大问题：这些设备是封闭的专有系统。这意味着提供商不会向公众公开其硬件或软件产品的内部工作原理，这是编程时的一个主要问题。因为每个交换机或路由器都是一个封闭系统，其包含控制功能（决定如何处理流量的逻辑）和数据功能（数据包的实际移动）。由于这两个功能包含在同一个设备中，网络工程师被迫隔离配置每个设备。你可以想象，在一个大型网络中，这会是一项多么艰巨的任务，而且由于大多数网络处于不断变化的状态，这意味着编程更新需要很长时间，这会使得情况变得更糟。这也意味着网络对网络中的状态变化响应缓慢，因为更新必须在设备之间传递，这样当网络中的所有设备"意识到"一个新状态时，状态可能已经再次改变了。事实证明，解决这个问题的关键以前在网络上使用过，而它与虚拟化无关。

解决这一问题的关键是分离控制平面和数据平面，使设备可以从集中控制器进行控制和编程。为了在不更换所有网络硬件的情况下实现这一点（这将是非常昂贵的），需要一个应用程序编程接口（API）来实现集中控制。事实证明，这正是制造商解决企业 Wi-Fi 问题的方式。几年前，当 Wi-Fi 迅速取代有线端口作为标准连接时，大型网络基础设施中的管理员不得不手动配置数百个接入点，以配置或更新固件。在某些情况下，这些接入点必须每天更新，而这几乎是不可能的。制造商随后设计了新接入点，管理员可以通过使用集中控制器来管理这些接入点。结果，接入点变得"单薄"：它们被剥夺了逻辑、功能和服务，因此只能进行数据包转发。所有的"大脑"和增值服务都被迁移到中央控制器。通过使用这个控制器和哑 AP 终端，管理员可以从一个终端管理数百个接入点。当网络从传统的硬件网络迁移到软件定义网络（SDN）时，同样的转变正在发生，OpenFlow 是允许集中管理的协议。

OpenFlow 的关键在于它能够利用路由器和交换机具有共同的硬件架构这一事实，据此，增值服务的上层逻辑和代码驻留在被称为控制平面的一部分硬件中。数据包转发（数据包的实际路由和快速切换操作）驻留在一个较低级的数据平面上。就像虚拟化从服务器抽象应用程序和操作系统一样，OpenFlow 允许我们从数据平面抽象控制平面，从而虚拟化网络。

值得注意的是，设备制造商已经同意通过分割设备内的控制平面和数据平面，将逻辑功能与数据包转发分开，从而实现了这一点。制造商这么做似乎有些奇怪，但生活在虚拟化时代的现实意味着，公司要么合作，要么被排除在外。

　　由于这种分段，网络中的所有设备都可以集中控制，从而形成可编程网络。因此，管理员可以从他们的管理控制台集中管理、配置和定义策略，就像他们在 10 年前使用 Wi－Fi 一样。

15.1　OpenFlow 的历史

　　OpenFlow 的历史很有意思，它让人们了解到它是如何在 SDN 和网络功能虚拟化的基础上发展出了如此关键的作用。OpenFlow 最初是斯坦福大学的一个项目，当时一组研究人员正在探索如何在不中断生产流量的情况下，在现实的网络上有效地测试和试验协议（包括替换一直存在的 Internet 协议）。这是重要的研究。毕竟，项目组自然对网络的实验持谨慎态度，因为进行更改的影响往往是不可预知的。这不仅为新想法的进入设置了很高的障碍，还意味着许多新想法未经测试或未经尝试（至少公司里是这样）。不过大学，特别是斯坦福大学，不仅没有这种担心，而且事实上，它们有专为实验而建立的大型网络。

　　正是在这种环境下，斯坦福大学的研究人员试图找到一种解决这个问题的方法，尝试将研究流量与生产流量分开，从而在网络中为研究流量创建一个预留的部分。在研究如何做到这一点时，他们发现，尽管硬件制造商的产品设计截然不同，但它们都使用流程表来实现网络服务，如网络地址转换（NAT）、服务质量（QoS）和防火墙。此外，虽然网络设备制造商流表的实现方式不同，但研究人员发现他们可以利用一些常见的函数集。

　　斯坦福大学研究小组的研究成果就是 OpenFlow，它提供了一个开放的协议，使管理员能够在不同的交换机和路由器上编写流表。网络管理员可以使用 OpenFlow 对交换机和路由器进行编程，以将流量划分为生产和研究两个部分，例如，每部分都有自己的一组特性和流特征。

　　如图 15-1 所示，OpenFlow 的工作原理是与设备的流表交互，并通过一个动作来分配流。该

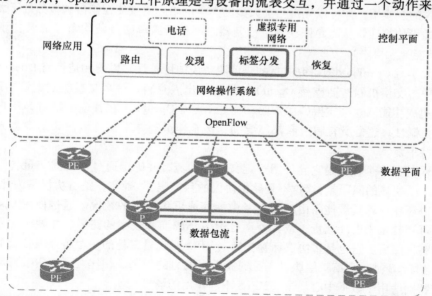

图 15-1　OpenFlow 提供了一个开放协议，使管理员能够在不同的交换机和路由器中对流表进行编程

操作告诉路由器或交换机如何处理数据流。通过 OpenFlow 指定哪些数据流被处理以及如何处理，就不需要物理地连接和配置网络中的每个单独的路由器和交换机。这不仅提高了效率，而且大大降低了复杂性和配置错误。

15.2　OpenFlow 的工作原理

在 OpenFlow 中，流表有三个字段：
1）定义流的数据包头。
2）对每个流的数据包要执行的操作。
3）跟踪每个流的数据包和字节的统计信息。

表中的每个流都有一个与之相关联的简单操作。所有 OpenFlow ready 交换机必须支持的 4 个基本操作如下：

1）将 < defined > 包流转发到给定端口。这允许数据包通过网络路由。
2）封装并将 < defined > 流转发到控制器。这通常是对新流中第一个包的操作，以便控制器可以决定是否需要将其添加到流表中。
3）丢弃 < defined > 包流。这是为了安全。例如，它可用于抑制拒绝服务攻击。
4）正常转发 < defined > 数据包。

OpenFlow 的某些实现是使用 VLAN 来分离实验和生产流量。OpenFlow 控制器使用 OpenFlow 协议通过安全套接层（SSL）通道在流量表中添加和删除流量条目。

对于可以动态添加和删除流的控制器的性能、可靠性和可伸缩性，存在一些合理的顾虑和问题。然而，在他们的测试中，研究人员能够在一台低端个人计算机上每秒处理超过 10000 个新的流，在这样的规模下，你可以支持一个大型的大学网络。通过使控制器和事务处于无状态，可以实现额外的可伸缩性，从而允许在多个控制器之间进行简单的负载均衡（通常比示例中使用的低端 PC 功能强大得多）。

斯坦福大学对 OpenFlow 的研究的目的是证明协议的可行性，以便制造商将 OpenFlow 集成到它们的设备中。交换机制造商支持 OpenFlow 的热情出人意料，许多交换机制造商已经将 Open-Flow 安装为集成功能。这种支持的主要驱动力之一是，OpenFlow 在管理网络时为用户提供了前所未有的易控制性，这是所有制造商都想要的，甚至连最初并不支持该协议的少数人也被迫这样做，以维持平衡。

OpenFlow 的另一个优势是它允许用户定义自己的流，并确定通过网络的"最佳"路径。在这一点上，一个明显的问题是："这不是路由协议的目的吗？"确实，路由协议是为此而设计的，但许多路由协议在计算其最佳路由时没有考虑拥塞或可用带宽的情况。通过使用 OpenFlow，用户可以根据可用带宽来设计流量，或者使用延迟较小或拥塞较小的路径，并找到比最短拥塞路由更可取的替代路由。这也是多协议标签交换（MPLS）流量工程的一个特点（因此它不是一个新概念），但 MPLS 是一个第三层协议，受到提供商能力的限制。相比之下，OpenFlow 是一种第二层技术，特别适用于数据中心场景（MPLS 不起作用的场景）。

与 MPLS 不同，OpenFlow 工作在三个层，使控制器能够通过操纵物理层、虚拟交换机和路由器的流表（flow table）来管理通过网络的数据流的转发过程。这些层如下：

■ 应用层：此层处理业务应用程序，并通过将应用程序与提供商平台分离来帮助加快新功能和服务的引入。

■ 控制层：智能的集中化简化了资源调配，优化了性能，并实现了对所有网络设备的更好控制、粒度和简化策略管理。

■ 基础设施层：硬件与软件分离，控制平面与数据（转发）平面分离。分离这些平面有助于通过中央控制器上的软件进行逻辑配置，而不是每个设备的物理配置。

今天，OpenFlow 由于受到开放网络基金会的推广而被广泛接受。基于 OpenFlow 的技术是SDN 的核心，其使 IT 管理员能够解决现代应用程序的高带宽和动态特性。此外，管理员和应用程序可以动态地调整网络设备以适应不断变化的情况和需求。例如，应用程序可以重新配置网络设备以转发数据包（因为拥塞），它将能够动态地重新配置路径上的每个设备。这定义了网络如何路由业务，这也是 SDN 的基础。虽然它也不能让你做到以前在网络上做不到的事情，但它确实提供了一个可编程的网络接口，大大提高了可管理性。它也比 MPLS 更适合数据中心，因为它是一个第二层协议。因此，经常将其与虚拟局域网（VLAN）相比较，但 OpenFlow 的作用远不止虚拟局域网（VLAN），因为它允许真正的动态可编程虚拟网络。

OpenFlow

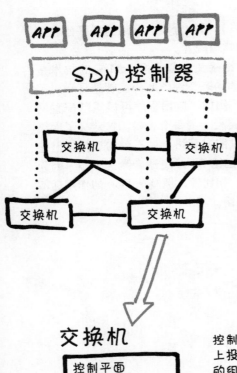

SDN 是一个好东西

SDN 通过从数据平面（非常快速地移动数据包的"权力"）提取控制平面（数据包如何流动的智能控制）使网络可编程。SDN 使网络适应性强、灵活，被广泛视为一个好东西

但是有一个问题

每个专用交换机中都有一个数据平面和一个控制平面……不同提供商的交换机的数据平面之间并没有很大的差别，但控制平面却有很大的不同

控制平面是网络公司投入大部分开发工作的地方，并在这些控制平面上投入了大量资金。因此，网络提供商不会支持任何公开其专有代码的组件。结果是这些交换机不容易编程，尤其是在具有许多不同提供商产品的网络上

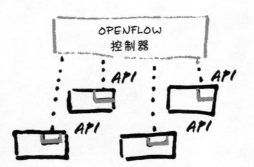

OPENFLOW才是答案

OPENFLOW是一种开源控制协议，所有提供商都可以同样支持该协议。应用程序接口（API）可以放置在提供商交换机上，从而在不公开其代码的情况下对它们进行编程

第16章

VMware Nicira公司

2012 年，VMware 以高达 12 亿美元的价格收购了成立 5 年的软件定义网络（SDN）初创公司 Nicira。Nicira 公司是由斯坦福大学的一个工程师团队创立的，他们在如何改变几十年来的网络运作方式方面进行了开创性的研究。对于一家据传在收购时只有约 5000 万美元收入的公司来说，这一价格似乎相当惊人，但事实证明，VMware 公司不仅将此视为战略收购，还与思科系统（Cisco Systems）公司展开了一场竞标战。它们不仅为 Nicira 公司支付了一大笔钱，而且最终的收购还破坏了 VMware 公司与思科公司以及 VMware 的母公司 EMC 公司之间的利润丰厚的合作关系，即由这几家公司联合成立的 VCE 公司（该公司出售一种"盒装数据中心云"的解决方案）。

那么，为什么 VMware 公司（或思科公司）会想要以 25 倍的价格收购一家初创公司，同时还不惜伤害双方在这方面的良好合作关系呢？答案是，Nicira 公司是领先的 SDN 控制公司，想要它的公司愿意付出巨大的代价来在这个新市场上占据领先地位。

Nicira 公司的产品允许你创建 SDN 环境，这些环境可以动态编程以在网络中进行调整。其工作原理是将网络视为一个扁平的网络，消除了传统的层次结构，这些层次结构往往会造成性能瓶颈。通过直接连接到交换机的设备，其产品能够在基础设施中有效地分配流量。

VMware 公司相信，这项技术将使它能够与 Amazon Web Services 和 OpenStack 竞争，这是构建云环境的一个可行的替代方案。然而，具有讽刺意味的是，Nicira 公司是 OpenStack 的重要参与者，为 OpenStack 中子网络接口提供了一个应用程序编程接口（API）。VMware 公司也成为这个社区的重要组成部分。

如今，Nicira 公司技术是 VMware NSX 虚拟网络平台的基础。

16.1　网络虚拟化平台（VMware NSX）

NSX 平台支持软件定义数据中心（SDDC）的网络虚拟化。这意味着 VMware 公司为数据中心带来了与它为计算和存储提供的相同的虚拟机功能。现在，管理员可以使用虚拟机功能（如按需创建、保存、删除和还原到虚拟网络）将网络资源调配时间从几周缩短到几分钟，而且无须重新配置底层物理网络。

NSX 提供了网络灵活性，因为它通过从底层物理基础设施抽象虚拟网络来减少多层网络中的资源调配时间。这提供了更快的部署和更大的灵活性，同时提供了在任何提供商的硬件上运行的灵活性。此外，NSX 可以通过将安全策略绑定到虚拟机来改进和微调安全策略。

1. 使用 NSX 进行网络虚拟化

迄今为止，将虚拟化引入数据中心的最大问题是如何实现虚拟机为非虚拟化网络基础设施的计算和存储带来的全部潜力。问题是网络和网络服务的发展速度与计算和存储的发展速度不同。相比之下，它们的资源调配速度较慢，需要手动调配，并且固定在特定提供商的硬件上。这并不好，因为应用程序需要计算、存储和网络才能提供虚拟化的所有优势。此外，由于复杂性增加了风险，网络配置很容易出错。由于一个应用程序所需的网络设置更改可能会无意中对另一个应用程序造成不利影响，这一点会更加复杂。因此，在一个能够快速调配计算和存储资产的数据中心内进行更改，IT 部门仍需要数周时间重新调整网络的用途以适应变化。

这些问题的解决方案就是虚拟化网络，而这正是 NSX 平台被设计出来的目的，用来进行相应管理。通过服务器虚拟化，软件抽象层可以再现 x86 服务器的常见属性（即 CPU、RAM、硬盘和网卡）。这使得它们可以在几秒钟内以编程方式组合成一个独特的虚拟机。这种网络基础设施资源调配速度与服务器资源调配不相上下。

使用网络虚拟化，相当于网络 hypervisor 的功能再现了完整的第二层到第七层网络服务。例如，路由、交换、访问控制、负载均衡、防火墙、服务质量（QoS）、动态主机配置协议（DHCP）和域名系统（DNS）软件都与底层硬件解耦。这种分离的结果是，可以在软件中重新创建网络服务，然后以编程方式组合成任意组合，以提供一个独特的虚拟机，就像服务器虚拟化一样。虚拟化带来的好处也与通过服务器虚拟化获得的好处相似。当网络服务独立于底层 x86 硬件平台时，它可以将物理主机视为传输容量的池，可以根据需要使用和重新调整其用途。它还允许 IT 组织利用硬件与软件之间的定价差异和创新速度。

NSX 平台使其能够引入软件定义数据中心（SDDC），而不是硬件定义数据中心（HDDC）。在当今的数据中心中，SDDC 是首选的原因是软件定义网络已经被证明能够带来最大的数据中心所需的灵活性和敏捷性。Amazon 和 Google 公司都将基于软件的智能引入到它们的应用程序和平台中，使它们能够建立我们今天拥有的最大、最敏捷的数据中心。此外，软件创新的交付速度更快，因为它的唯一限制就是升级版本的发布。相比之下，硬件需要应用特定集成电路（ASIC）重新设计和硬件升级，更新周期可能为 2～3 年。此外，软件定义数据中心可以与现有的硬件一起工作，并且可以通过 VMware NSX 无中断地引入 SDCC。

2. VMware 如何利用 Nicira（NSX）

自 VMware 公司收购 Nicira 公司以来，NSX 已成为在数据中心实施网络虚拟化的市场领导者。重要的是，NSX 是一个无中断的解决方案，因为它部署在连接到现有物理网络基础设施的 hypervisor 上，如图 16-1 所示。也不需要对应用程序的配置进行任何更改。此外，它允许 IT 部门进行增量更改，并以其选择的任何速度实现虚拟机，而不会对现有的应用程序和工作负载产生任何影响。NSX 通过在虚拟化网络中引入可见性，扩展了现有网络监控和管理的可见性。然而，它需要网络团队来管理和监控单独的物理和虚拟网络。

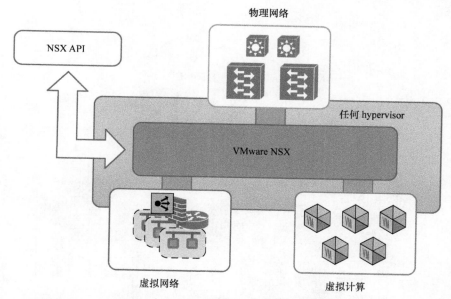

图 16-1　NSX 部署在连接到现有物理网络基础结构的 hypervisor 上

　　NSX 作为一个多虚拟机管理程序解决方案，它利用了当前作为服务器 hypervisor 一部分的 vS-switch（虚拟交换机）。NSX 处理网络虚拟机的过程与服务器虚拟机类似。正如服务器虚拟机是为应用程序提供计算服务的软件容器一样，网络虚拟机是为连接的工作负载提供逻辑网络服务——虚拟路由、虚拟交换、虚拟防火墙、虚拟负载均衡等的容器。这些网络和安全服务是在软件中提供的，需要物理设备在硬件上处理包的转发。这也是控制层和数据层的分离，这是网络虚拟化的一个特性。

　　NSX 管理网络虚拟机的方式是通过云管理平台，该平台使用 NSX 控制器公开的 RESTful 应用程序编程接口（API）来请求针对相应的工作负载启动网络服务。然后，控制器将所需的逻辑网络或安全功能、虚拟路由、虚拟交换等分配给需要这些网络功能组合的虚拟机上的相应虚拟交换机。使用这种方法的一个优点是，不同的虚拟网络可以与同一个 hypervisor 上的不同工作负载相关联。因此，这使得非常基本的网络得以虚拟化。例如，只涉及两个节点的虚拟网络能够成为由多段网络拓扑构成的虚拟网络，并提供多层应用程序。

　　虚拟网络的真正魅力在于它们看起来和操作起来都像传统网络。如图 16-2 所示，工作负载"看到"的网络服务与传统物理网络中的相同，只是这些网络服务是运行在 hypervisor 中的分布式软件的逻辑实例，并应用于 vSwitch 虚拟接口。

　　虚拟化网络的另一个优点是消除了"发卡"（hair‐pinning，就是将来自原始终点的消息按原路径返回，从而使消息最终能够到达目的终点），这是传统网络的一个不受欢迎的特性，东西向流量（即从服务器到服务器），被迫穿越南北网络（访问和汇聚交换机）以实现基本的网络服务，如路由或防火墙。这方面的一个例子是同一个 hypervisor 上的两个服务器虚拟机，但是在不同的网络中，将不得不遍历一条低效的路径来寻找路由服务。有了 NSX，这种高效的东西向通信就不复存在了。

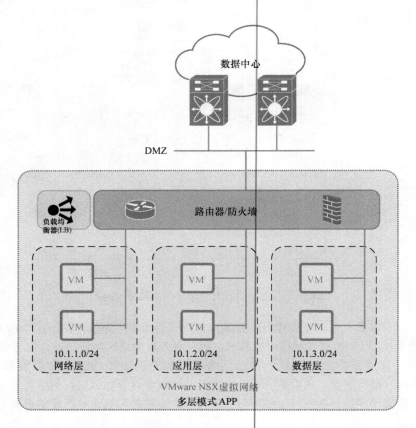

图 16-2　使用 NSX 网络虚拟化，工作负载可以"看到"与传统物理网络中相同的网络服务

　　NSX 有许多引人注目的特性和服务，但是 NSX 最吸引人的地方是它的混杂性，因为它可以工作于

　　■ 任何应用：工作负载不需要修改。

　　■ 任何 hypervisor：NSX 支持 XEN、Microsoft、KVM VMware ESXi 和任何其他可以支持标准虚拟交换功能的软件。

　　■ 任何网络基础设施：NSX 独立于硬件，因为它只需要来自底层硬件的连接和数据包转发。所有的控制平面特征都与数据平面解耦。

　　■ 任何云管理平台：NSX 与 CloudStack、OpenStack、VMware vCloud 协同工作，并可通过 NSX API 与其他平台集成。

　　NSX 通过从底层物理网络中抽象出虚拟网络来简化网络，从而提高了自动化程度。管理员不再需要关心虚拟局域网（VLAN）、访问控制列表（ACL）、生成树或防火墙规则，因为当网络虚拟化时，这些规则不再是一个问题。此外，NSX 还具有经过验证的性能和可伸缩性，分布式网络服务的处理要求仅是虚拟交换机当时正在做的工作的增量，通常占每个主机上一个 CPU 内核的一定百分比。此外，虚拟网络容量与虚拟机容量呈线性增长，每个 hypervisor 主机的引入可以增加 40Gbit/s 的交换和路由容量。在真实的生产环境中，NSX 可能支持超过 10000 个虚拟网络和 100000 个虚拟机，但这取决于设计、服务器 CPU、控制器 CPU 和其他因素。

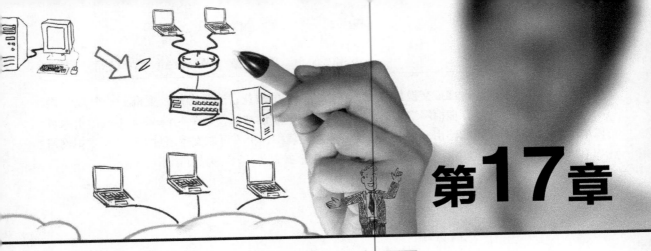

第17章

Cisco Insieme公司

工业界对通信协议支持，使得应用程序和物理网络设备（如 OpenFlow）的数据转发功能解耦，这一定让网络硬件提供商感到不安。这一担忧也因随后在数据中心引入网络虚拟化平台（如 VMware NSX）而变得更加复杂。回想一下，思科（Cisco）公司在与 VMware 公司高额竞标收购 Nicira 公司中失败，这家专注软件定义网络（SDN）的公司，其技术是后来 NSX 的基础。难怪当时人们对网络巨头，尤其是思科公司会如何反应非常感兴趣。它们将如何应对其统治地位的第一次重大技术威胁？

17.1 思科的混合 SDN 解决方案

思科公司对 SDN 的兴趣更加复杂，因为它们之前淡化了 SDN 的重要性，它们表示，虽然客户确实想要可编程性，但其并不关心控制平面和数据平面的分离（SDN 技术的核心点）。为此，思科公司发布了一个名为 OnePK 的程序，该程序向开发人员开放了大量的应用程序编程接口（API）以访问和附加程序。尽管 API 的发布是通过 OnePK 发布的，但它与 SDN 的关系很小。通过将智能和增值应用程序及功能保留在交换机和路由器的控制平面上，它们最初将自己和客户群与 SDN 保持距离，试图捍卫自己强大的市场地位。当然，这是非常自然的，因为 SDN 是思科公司和其他网络硬件公司的主要威胁，如果 SDN 被广泛采用，那么实现路由和交换功能的硬件可能会变为简单地处理包转发的设备。因此，它们将会被降低定价，这是任何思科公司股东都不愿看到的。

有趣的是，当思科公司在 SDN 上声明这一立场时，它们对 OpenFlow 做出了积极的反应，尽管出于明显的原因，它们并不支持使用集中式智能软件控制器和哑交换机的想法。思科公司对 OpenFlow 的主要反对意见是它要求在服务器上部署一个中央控制器。这个控制器使用 OpenFlow 协议通过网络与交换机和路由器上的代理进行通信。然后，应用程序使用 OpenFlow 控制器上的 API 来创建和部署分布式网络策略。思科公司认为，该模型不应仅限于 OpenFlow 集中式控制器/交换机方案。它们认为集中式控制平面具有操作和管理方便的优点。然而，它们也引入了可伸缩性问题，并指出该模型限制了开发人员对应用程序部署的选择。思科公司的模式通过 OnePK 将分散和公开设备 API，产生更广泛的应用可能性。

　　思科公司提出的是一个混合解决方案，它使用直接访问 API 的分散式控制平面，以及一个集中式控制器来提供更灵活的 SDN 模型。对思科公司来说至关重要的是，这种方法意味着保留了交换机和路由器的智能。实际上，思科公司已经同意，能够基于动态需求在网络中的任何位置实例化服务是一件好事。然而，它们坚持认为分散式控制平面是应用程序部署的正确选择。因此，思科公司提出了它们自己的名为 OpFlex 的 OpenFlow 替代协议，该协议在网络设备中保持智能，而不是使用集中式控制器和哑交换机。OpFlex 将网络基础结构硬件保留为可编程网络的基本控制元件。实际上，思科公司试图重塑 OpenFlow 的"轮子"，为其 ACI SDN 架构提供一个协议，就像 OpenFlow 对 SDN 一样。

17.2　思科 SDN 和 Insieme

　　正是在这样的背景下，业界收到了思科公司收购 SDN 技术公司 Insieme 的消息。此次收购的目的是获得 Insieme 公司的 SDN 产品，这表明思科公司的 SDN 战略发生了重大转变。收购 Insieme 公司的最终结果是其 SDN 技术后来作为思科应用程序中心基础设施（Cisco ACI）被引入 Cisco 产品线，旨在以 SDN 架构自动化 IT 任务并加速数据中心应用程序的部署。

　　思科公司的 SDN 体系结构是一种基于策略的自动化解决方案，其将物理和虚拟环境集成在一个针对网络、服务器和存储的策略模型下。Cisco ACI 的目标是将服务和应用程序的部署时间从几天缩短到几秒钟，并更好地与现代业务需求保持一致。

　　Cisco ACI 是基于以应用程序为中心的策略构建的，该策略本身基于思科应用程序策略基础设施控制器（APIC）。此外，还有基于 Nexus 9000 系列交换机和思科应用程序虚拟交换机（AVS）的 Cisco ACI 结构。

　　Cisco SDN 网络的基础是将应用程序的连接性需求与复杂的网络配置分离。基于应用程序的策略会带来自动化进程，从而显著降低了设备网络配置中的大部分复杂性。ACI 可以提供必要的透明支持，以支持具有第二层到第七层网络和安全服务的异构物理和虚拟接口。此外，应用一致的策略和对虚拟网络的更大可见性，使整个基础设施的故障排除变得更加容易。

　　云和新网络应用程序（路由协议、防火墙等）的部署存在问题。似乎可编程的基础设施已经使采用虚拟机的应用程序的供应变得微不足道。然而，DevOps 团队仍在努力理解在一个公共网络中有多少应用程序可以运行，以及 VLAN、防火墙、安全设备和其他此类网络功能的网络配置的更改会如何影响单个应用程序，这些问题仍然存在。同时，更改必须在共享域中工作，且不能对现有租户和应用程序产生影响，这绝非易事。

　　通过 ACI 和 APIC 控制器的思科方法允许细化到单个应用程序、租户或工作负载的安全策略，如图 17-1 所示。Cisco ACI 解决方案被设计为一个开放的体系结构，它为合作伙伴和客户提供了一个技术生态系统，以利用 SDN 和自动化 IT 任务。

　　随着 ACI 的发布，思科公司似乎终于制定了一个 SDN 战略，并正在通过超越低层级控制器和虚拟网络管理模式来弥补损失的时间。取而代之的是，思科公司将企业范围的规则和应用程

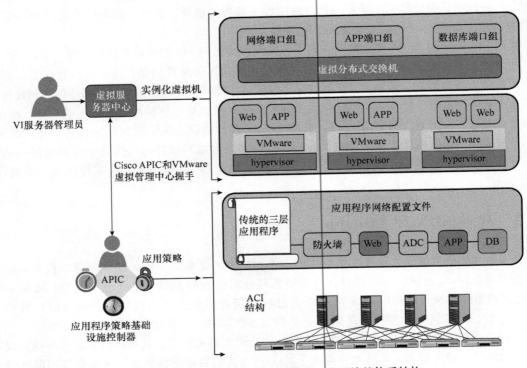

图 17-1　Cisco ACI 解决方案被设计成一个开放的体系结构，
它允许细化到单个应用程序、租户或工作负载的安全策略

序策略的自动化纳入安全性、性能和使用范围。它们并不满足于此，其还将虚拟网络服务的编排以及物理和虚拟网络的管理结合在一起。为了实现所有这些目标，思科公司使用了一个 APIC，它包含了大量受支持的 API 和协议，这些 API 和协议令人惊讶地包括 OpenFlow、它自己的 OnePK、NETCONF、OVSDB（开放式虚拟交换机）和它自己的应用程序虚拟交换机。然而，很明显的是，人们仍然没有接受哑交换集中式控制平面的理念。事实上，情况恰恰相反，思科公司推出了 Nexus 9000 的新产品线，它将通过新一代固件与 ACI 和 APIC 紧密集成。因此，看起来虽然思科公司愿意接受 SDN，但它不愿意为集中式软件控制器牺牲硬件智能。通过允许 Nexus 9000 交换机在 ACI 或非 ACI 模式下运行，它们允许客户以目前最满意的方式利用硬件，并允许其根据需要升级到 SDN 型号。

思科公司对 SDN 的设想是否能引起数据中心客户的共鸣，将取决于它们是否愿意适应新的硬件和软件架构。其他竞争性的 SDN 解决方案（如 VMware NSX）不需要硬件升级。思科公司的做法，既昂贵又具有破坏性。当存在明确的升级路径，并且不需要承担这样的成本和干扰时，客户是否会采用"淘汰并替换"的升级方式来适应 SDN，这还有待观察。这是所有 SDN 提供商都会遇到的问题，而并不是思科公司独有的。一些客户可能更喜欢覆盖解决方案，而不是物理层硬件和软件协议，如 OpenFlow。现在，还没有明确的赢家或输家。

思科公司宣称，ACI 和 OpFlex 使用的是一种声明式转发控制模型，与 OpenFlow 的命令式模型截然不同。声明式模型是从网络中抽象出来的，而不是像命令式 SDN 模型那样从网络配置中抽象出来的。通俗地说，两者的区别在于，在声明式模型中，网络根据来自 APIC 的应用策略行事，并决定如何重新配置自己，而不是由控制器来决定配置。然而，在命令式模型中，应用、操作和基础设施需求必须被配置，同时这并不能消除设备和网络配置的复杂性。

思科公司正在为 OpFlex 寻找支持和合作伙伴来编写 API，并在 IETF 和 OpenDayLight 开源 SDN 项目中提出将其作为标准。然而，即使 OpFlex 真地成为事实上的标准，但由于 ACI 和 OpFlex 与传统 SDN 模式的偏差，即使强大的思科公司也很难说服客户进行软硬件升级。

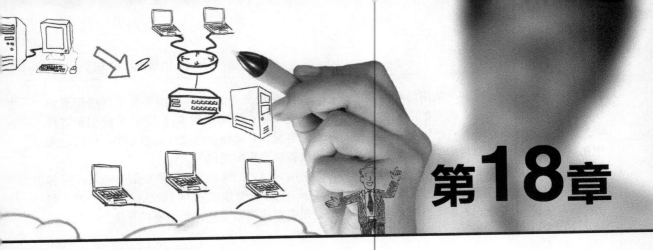

OpenStack

到目前为止，我们一直在研究如何将效率低下、成本高昂的传统数据中心和服务器扩展为更精简的模型，即通过虚拟化将许多小型服务器整合到几个较大的服务器上。从传统模型到虚拟化模型的转换可以使用任何服务器虚拟化技术来创建私有云。到目前为止，你应该很清楚将数据中心转变为私有云的好处，但这仍然与云计算不符，这表明云计算不仅仅"只是"服务器虚拟化。当然，这就引出了一个问题：虚拟化和云计算（或云网络）有什么区别，为什么它很重要？

对于大型企业级应用程序（如 Microsoft 公司的 Exchange 和 Oracle 公司的 PeopleSoft）来说，将企业级应用程序整合到较少的大型服务器上是一个很好理解和行之有效的解决方案。传统上，这些大型应用程序运行在传统的单片体系结构上，而能将每个实例从单个大型物理服务器迁移到单个大型虚拟服务器的虚拟服务器模型的转变非常简单。转换完成后，可以通过扩展运行裸机管理程序的单个物理服务器来扩展应用程序。为了提供冗余和高可用性，这些企业级应用程序可以在 vSphere 群集中作为 VM 运行，它们利用了成熟的 vSphere 的高可用性和 vMotion 技术。

18.1 现代网络应用

从本质上来说，这样的转换之后，你所拥有的是一个运行在虚拟机上的传统应用。这些虚拟机由一些协调技术（如 VMware vSphere）管理，所有这些服务器都位于传统的网络基础设施上，并访问传统的资源，如存储区域网络（SAN）中的存储。网络和存储件是为高可用性而设计的（并且它们确实是高可用性的），到目前为止，你应该很清楚服务器虚拟化的好处了。

当我们考虑传统应用程序时，所有这些都可以正常工作，但云计算不同，或者更具体地说，基于云的应用是不同的，要想让它们按照预期的方式工作，需要一种不同的方法。事实证明，云平台架构和理念与传统的管理传统数据中心应用程序和服务器的方式截然不同。典型的企业级应用程序是为了提高效率而构建的，但是基于云的应用程序（如 MySQL 和 Hadoop）的架构是通过添加更多的应用程序实例，并在这些实例之间重新平衡工作负载来实现横向扩展的。它们也是"针对故障而设计的",这意味着不假设可以达到99.999%的网络和资源可用性,因此它们被构建成在面临停机时会更为强大。因此,这些新类型的应用程序不太适合与传统应用程序在相同的单片体系结构上运行。相反,这些分布式应用程序必须独立于底层基础设施来管理其自身的恢复能力。

为了满足这些新应用程序的需求,云平台与通过虚拟机或其他类似产品虚拟化传统应用程序的设计原则不同。云平台通过将应用程序的弹性提升到软件堆栈上,消除了对"共享一切"的要求。通过商用服务器和其他硬件提供水平扩展(通过连接多个可以作为一个单元的硬件来增加容量的能力)来构建云平台。这就创建了一个可以快速扩展的体系结构。因此,不需要高可用性基础设施。失败是预料之中的,并且可以在软件架构的多层上进行处理。事实上,在基于云的应用程序中,故障处理被设计到应用程序中,以减少冗余和高可用性的硬件成本。

随着这种新设计和新理念的出现,管理和维护最终架构的新工具应运而生。OpenStack 是一个云管理工具,通过它可以提供这些工具和技术。OpenStack 是一个开源项目(开发人员社区负责维护、升级和调试软件),它"位于"计算、网络和存储技术的顶端,提供相关的应用程序编程接口(API)和工具,以灵活和编程的方式与资源交互。图 18-1 显示了与现代应用程序和云所运行的商品硬件相关的 OpenStack 模型。

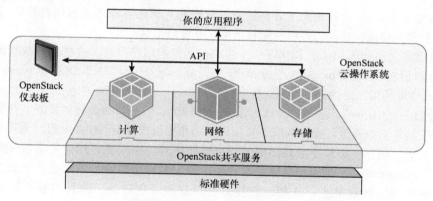

图 18-1　OpenStack 是一个开源云管理工具,它"位于"计算、
网络和存储技术之上,提供相关的 API 和工具,以灵活和编程的方式与资源交互

理解 OpenStack 的最佳方法是将其视为公共云和私有云的操作系统。这是我们离开虚拟化和软件定义网络(SDN)的第一步,进入真正的云计算领域。OpenStack 提供了允许大型和小型组织构建云基础设施的方法,而不存在提供商锁定的风险。尽管 OpenStack 是开源的,但它得到了业界许多重量级公司的支持,如 Rackspace、Cisco、VMware、EMC、Dell、HP、Red Hat 和 IBM 等公司。因此,它并不是一个小规模的开源项目,而那些小规模项目很可能一夜之间消失,或者被某个公司收购,从而失去开源地位。

除了高层级描述之外,OpenStack 是一套应用程序和工具,用于身份管理、编排和按流量计费的访问。但是,需要注意的是,OpenStack 不是一个虚拟机管理程序(hypervisor),尽管它确实支持其他几个 hypervisor,如 VMware ESXi、KVM、Xen 和 Hyper – V。因此,OpenStack 不是这些 hypervisor 的替代品，它不做虚拟化，而是一个云管理平台。

OpenStack 有许多独立的模块化组件，每个组件都由一个确定特性和路线图的开源技术委员会驱动。社区驱动的董事会决定哪些新组件将添加到 OpenStack 路线图中。例如以下模块是可用的：

■ 计算（Nova）：这是主控制器，是任何 IaaS（基础设施即服务）系统中的主要组件。它被设计用来管理和自动化计算机资源池。Nova 可以使用多种虚拟化技术。

■ 对象存储（Swift）：这是一个可扩展的冗余存储系统。对象和文件被写入数据中心中分布在服务器上的多个硬盘驱动器中。存储集群只需添加新服务器就可以水平扩展。如果服务器出现故障，那么 OpenStack 将把它的数据复制到集群中的新位置。

■ 块存储（Cinder）：这是一个块存储系统，管理块设备的创建、与服务器的连接和分离。快照为块存储卷的提供了备份功能。

■ 网络（Neutron）：这是一个管理云网络 IP 地址的系统，以确保网络不会成为云部署中的瓶颈。动态主机配置协议（DHCP）的浮动地址允许将流量动态重新路由到基础结构中的任何资源。此外，用户可以控制自己的网络，连接服务器和设备，并使用 OpenFlow 等 SDN 技术来支持多租户。

■ 仪表板（Horizon）：这是用于管理访问、调配和自动化资源的图形用户界面（GUI）。它还集成了计费和网络监控功能，并可使用其他第三方管理工具。

■ 身份服务（KeyStone）：这提供了一个中央存储库和用户目录，这些用户被映射到他们可以合法访问的服务。Keystone 为支持标准用户凭证、基于令牌的系统和 Amazon Web 服务（AWS）样式登录的用户提供身份验证服务。

■ 映像服务（Glance）：这是一种映像服务，为硬盘和服务器映像提供发现、注册和传递服务。映像是安装在服务器上的操作系统。映像可以用作模板或备份。Glance 可以为现有的传统网络添加许多功能。例如，如果使用 vSphere，它可以促进 vMotion、高可用性和动态资源调度。

■ 遥测（Ceilometer）：通过提供建立客户使用情况和计费所需的所有必要计数器，为计费系统提供了一个单一的联系点。这些计数器是可跟踪和可审计的，并且很容易扩展以支持新项目。

■ 编排（Heat）：这是一个编排服务，是 OpenStack 中的主要项目。Heat 引擎允许你基于模板启动多个复合云应用程序。

■ 数据库（Trove）：这是一个数据库，作为关系和非关系数据库的服务预配组件，关系数据库（如 MySQL）是操作部署中使用得最多的数据库。

■ 裸机配置（Ironic）：这不是一个 hypervisor，而是一个 API 和一组插件，允许 OpenStack 与裸机管理程序（如 VMware ISXi）通信。

■ 多租户云消息传递（Zaqar）：这是基于 Amazon 的简单队列服务（SQS）消息传递产品的，提供事件广播以及在 SaaS 组件和移动应用程序之间发送消息的能力。

■ 弹性映射还原（Sahara）：这提供了配置和部署 Hadoop 集群的方法。Sahara 还可以根据需要添加或删除集群节点来扩展已经配置的集群。

请注意，OpenStack 在持续增长和发展。OpenStack 组织和社区定期发布新的代码和版本。要查看最新的更新情况，请访问 OpenStack. org。图 18-2 展示了这些模块如何协同工作，并形成一个基于云的操作系统。

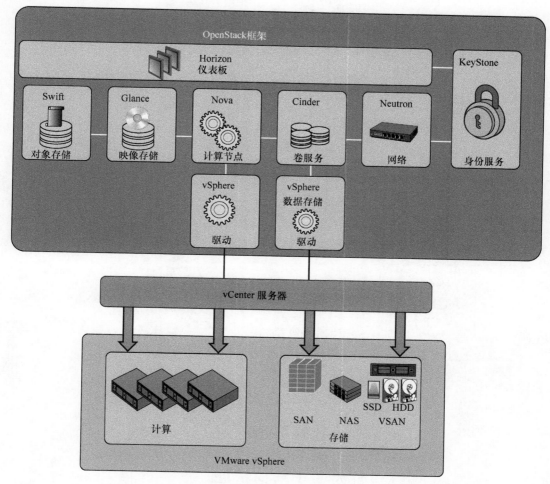

图 18-2　OpenStack 模块协同工作并形成一个基于云的操作系统

　　尽管 OpenStack 是一个免费的开源发行版，但许多企业用户，如德国电信、AT&T、eBay、NASA、PayPal 和 Rackspace（仅举几个知名品牌）都采用了它。这与早期的企业应用程序相比是一个很大的转变，在早期企业应用程序中，与知名软件提供商合作是首选和安全的（没有人因为购买思科、IBM 或甲骨文的产品而被炒鱿鱼）。然而，如今有一种趋势转向了成熟的开源选项，这可以降低总体成本，并避免被提供商锁定。随着 OpenStack 品牌的成熟，额外的开发带来了更广泛的部署选项，从而在良性循环中提高了采用率、开发率和质量。因此，OpenStack 可以部署为私有网络内的本地分发，也可以部署为托管的 OpenStack 私有云或 OpenStack 即服务。

OpenStack
核心服务

Horizon 仪表板

KeyStone 身份服务

Nova 计算节点

Glance 映像存储

Neutron 网络

Cinder 卷存储

Swift 对象存储

Heat 编排

Trove 数据库

Ceilometer 遥测

- 开源云计算平台
- 模块化架构
- 设计为易于横向扩展
- 由一组不断增长的核心服务组成

第5部分

软件定义网络：虚拟化网络

第19章

数据中心网络的演变

　　到目前为止，本书的重点是服务器的虚拟化和数据中心的转型，这始于20世纪90年代初。在这些第二代数据中心上线并开始"最大化"的时期，该行业在提高网络能力方面也取得了巨大进步。随着固定网络连接几乎使每个员工都能访问应用服务器（以及彼此），对这些数据中心的需求也开始上升，而且越来越多的用户开始依赖这些数据中心，这对网络造成了越来越大的压力。新成立的数据中心网络团队从IT和核心网络团队中分离出来，实施分层设计和高可用性架构，以确保用户能够在很少或没有服务中断的情况下访问程序和数据。

　　现代网络技术的进步也使广域网（WAN）变得非常快速和可靠，这意味着公司可以整合其数据中心，首先是在园区内的建筑物之间，然后是地区之间，甚至是全球的站点之间，但只有大公司才能负担得起专用的长途网络连接。在此期间，数据中心一词开始流行，一些创新技术迅速将数据中心定位为关键业务资产。除了建立即使是自然灾害也不会中断服务的灾难恢复站点之外，一种名为联合托管的全新的外包数据中心的商业模式也开始流行起来。很快，仅仅为数据和应用提供服务和托管就成了一个价值数十亿美元的产业。对于许多公司来说，数据中心成为IT或其他方面最重要的资产之一。

　　这看起来都不错，但有一个问题。尽管该系统内置了所有的能力，但似乎永远都不够用。在过去，如果用30分钟下载一首歌，你会认为你的连接很快，这真是疯狂。现在你的孩子们希望在你以90km/h的速度在高速公路上开车时可以用手机看流媒体视频，如果视频一直在缓冲的话，他们就会抱怨。更进一步说，许多人（和公司）不再满足于从公司购买大型软件包，他们想创建和使用自己的，现在就要。

　　这就是问题的关键所在。尽管取得了更大的进步，增加了更多的容量，但仍然无法满足用户（包括个人和公司）的需求。这让我们意识到，我们拥有的网络尽管有那么多的进步，但已经不再是我们需要的网络了。事实上，它的效果足以让我们意识到，我们必须废掉这一切，并重新开始。

　　当然，这不是字面上的意思，而是该行业必须重新思考网络是如何建立和运营的，这最终将意味着一种全新的网络方式。

本章以及后面的章节，将解释这一问题的症结所在，以及行业将如何应对。

19.1 网络运作得很好，直到消亡

乍一看，当你虚拟化应用程序时，很容易忽略传统数据中心网络设计无法正常工作的真正原因。毕竟，我们只是将相同的旧应用程序打包到一个操作系统中，然后将其与硬件分离。这能有多难？重要是我们可以更有效地使用服务器，这样既节省了空间又降低了电费，对吧？

事实是，事情没那么简单。是的，虚拟化会打包 APP - OS 组合，并将它们与服务器分离。这确实允许更有效地使用服务器，而且在其他条件相同的情况下，它也确实降低了电费。但虚拟化的现实是：虚拟机与它们取代的服务器是不同的东西，具有不同的属性，因此，它们的使用方式也不同，而传统数据中心无法处理这些问题。

幸运的是，虚拟机带来的优势使我们放弃旧的数据中心架构并重新开始是值得的。事实上，随着时间的推移，放弃整个网络并重新开始确实是值得的，这也正是软件定义网络（SDN）真正的意义所在。它可能不会在一夜之间发生，但会在数年内发生。很难相信这要花这么长时间。毕竟，业界已经对存储进行了重新设计，我们也重新构建了服务器，使其虚拟化。事实上，这两种转变都发生在很久以前。那么，我们为什么要等这么长时间呢？

这并不是说网络设计得不好（事实上，它们非常适合手头的任务）。而是因为它们提供访问的资源的性质发生了变化，这导致了用户使用这些资源的方式发生了变化。这些变化是如此深刻，以至于值得现在在网络上"重来一遍"。

顺便说一下，也有类似的论点认为，视频创作的便捷性以及相应的视频的广泛可用性导致了行为变化。权威人士声称，像 YouTube 等各种视频网站和应用程序已经把我们变成了一个"视频社会"。其他人则声称（作者也同意他们的观点）我们已经是一个视频社会很长时间了。毕竟，那些以电视为主要娱乐来源的几代人一直"调整"着去消费视频。因此，YouTube 等并没有创造出对视频的新需求，而是满足了一直以来对视频的潜在需求。

虚拟化和云（以及支持它们的网络）的情况类似。虚拟化并不是创造一种以不同方式使用应用程序和计算资源的愿望，而是为了满足长期潜在的需求或服务器的首选使用模式。虚拟化是大坝的裂缝，现在，云网络让整条河流畅通无阻。

19.2 传统数据中心的设计目标

作为理解传统数据中心设计的一部分，让我们回顾一下设计标准是什么。在旧的设计标准和新的设计标准之间，你会看到一些共同的属性，但是即使在这些共同属性中，也有一些大的区别。

1. 高可用性

数据中心（虚拟化或非虚拟化）的主要指标之一就是可用性，这一点谁也不奇怪。如果你要将所有数据或应用程序集中在一个房间或建筑物（或其中几个房间）中，然后让这些房间或建筑物远离用户，那么最好确保这些用户可以在需要时访问这些数据和应用程序（无时无刻）。

2. 低延迟

整合数据中心和异地数据中心的影响之一是：发送和接收信息所需的时间较长，这与其说是因为距离（光速相当快），不如说是因为网络设计的复杂性、不同类型的流量、两地之间链路速度的差异，以及网络特定的流量。这就产生了设计低延迟网络的需求，这在数据中心中尤其重要。

3. 可伸缩性

云改变了我们对什么是"可伸缩"的看法，稍后我们将对此进行更深入的讨论，但相对于当时数据消费的增长，数据中心网络需要具有可伸缩性。那时候，可伸缩性意味着你要以一种可测量的速度对未来的增长进行构建。在如今数据消费加速的"火箭"世界里，用"更快的马"来形容昔日情况有点古怪，但在当时的背景下，拥有一匹更快的马是件大事。如今，可伸缩性意味着不仅能够几乎瞬间扩展，而且能够以同样快的速度缩小。因此，数据中心设计的基本原则（如每平方米的功率密度）随着网络速度的提高和云服务需求的增长而发生了根本性的变化。

4. 安全性

安全性一直是数据中心关注的问题，但我们谈论的是传统数据中心的完全不同的安全观。在"旧时代"，安全性仍然意味着让授权用户无须太多麻烦就可以访问他们的东西，并将"坏人"挡在门外。在服务器不动的情况下，企业网络外围设备相对简单。围绕不断变化、重新配置、移动服务器以及连接到服务器的网络周围设置边界，成为一项艰巨且最终徒劳无功的任务。

由于所有这些变化，这一系统（包括数据中心和长途网络）很快就适应了需求，因为企业和个人都开始消耗越来越多的数据。然后，为了让每个人都更加满意，我们开始行动。似乎随着需求的不断增长，跟上需求（确保授权访问和足够的安全性）还不够，用户开始四处移动（不是一次，而是不断地）。他们开始期待视频，这对数据中心和网络提出了前所未有的要求。如图 19-1 所示，当数据中心规模膨胀，从房间到建筑物，再到校园，再到现在看起来像是小城镇的地方，复杂性的增长超过了性能。

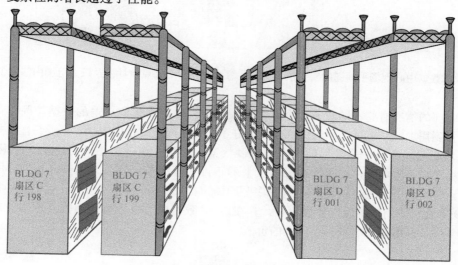

图 19-1　数据中心成为复杂性的纪念碑

19.3   成本模型爆炸式增长

在这一切发生的同时，对数据的需求却在无情地增长（而且还在继续）。出于必要，这种增长（以及由此带来的压力）推动了大量创新。最新的创新虚拟化和云网络时代的有趣之处在于，经济因素、运营效率和数据需求保持一致。数据中心现在建在偏远的、土地更便宜的地方。理想情况下，它们靠近水电站或其他电源，因为远距离传输电力比移动数据效率低（也更昂贵）。图 19-2 显示了现代数据中心的布局。从数据中心只是地下室的几台服务器开始，我们已经走过了漫长的道路。

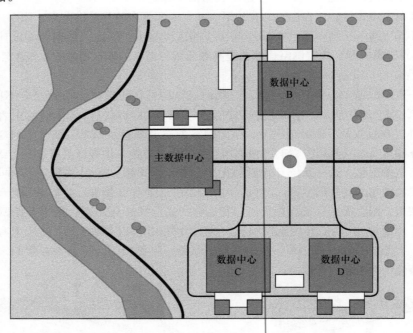

图 19-2   数据中心现场平面图的实体模型。请注意，数据中心站点设计涉及较大范围内的多个建筑

这与之前的情况有些不同。一旦企业学会了利用计算的力量和普遍的数据访问，我们基本上就把钱投到需求问题上了，因为经济效益太好了。为了跟上时代的步伐，企业只能这样做。近 30 年来，我们投入的每一分钱都能为人们提供数据，从而带来一美元以上的投资回报。然而，近年来，由于服务器的无序扩张和服务器数量的不可持续增长，以及为其供电和制冷所需的能源增长，这种平衡开始发生转变。并不是说数据中心和数据中心网络不够好，它们真的很棒。但在大约 20 年后（我们仅将现代数据中心计算在内），数据中心投资将达到收益递减的地步。这确实凸显了我们从数据中心获得了多大的价值。

19.4　如何走到这一步

试图在一章内容中讲述 30 年来数据中心的发展过程有点棘手，因此可以对其进行总结。

最初的数据中心通常是一个建筑物或房间中靠近用户的服务器集合。随着对应用程序需求的增长，以及网络速度和可靠性的增长，数据中心变得逐渐庞大。安全性和可用性需求决定了对具有地理上不同的备份站点的大型远程数据中心的需求（这样自然灾害不会同时影响主数据中心和备份数据中心）。这种模式多年来运作良好。

然而，虚拟化的出现改变了数据中心的规模和需求。想想每天上传到视频网站上的视频数量和观看的视频数量，在虚拟化时代，数据中心现在的规模比前几代都要大一个数量级。它们的行为（内部）也不同，对它们的要求也越来越不同，虚拟化也改变了它们运作的成本模式。

因此，虽然最初的数据中心设计在 10 ~ 15 年内都会很出色，但所有美好的事情都终将结束。不过，真正有趣的是，在某种程度上，即使数据中心的构建和运行方式发生了巨大变化，对用户整体体验质量的价值也开始下降。但为了真正最大限度地升级到数据中心，我们必须改进连接数据中心和用户的网络。SDN 和云网络就是这种发展的结果。

第20章

现在的网络存在什么问题

网络技术最重要的转变之一就是用户开发应用程序的趋势。无论是电话应用、企业金融工具还是网络小工具，我们已经到了一个阶段，在这里，用户群体现在是合法的创造力量，是应用开发的重要推动力，而不仅仅是被动的消费者。

现在，用户已经习惯了这种情况，他们不再愿意等待或完全依赖公司或大型提供应商和厂商来创造他们想要使用的工具和应用，他们不仅表现出一种意愿，还表现出一种期望，即他们会去寻找（甚至创造）他们需要的工具。在某些情况下，这意味着在他们的智能设备上下载一个应用程序或订阅一个软件即服务（SaaS）应用程序（作为个人）。在某些情况下，这意味着开源软件的使用。在极少数情况下，如果用户的技术水平很高，用户实际上可以成为开源软件的创造者或贡献者。

企业 IT 人员往往要争分夺秒地跟上所有这些工具，并想办法支持它们。一些企业会对员工施加非常严厉的限制，如果他们不遵从，就会被解雇。但这种限制很少见，因为它们很难执行，而且往往会造成士气问题。另一方面，企业愿意在关键业务系统上使用开源工具。这方面的一个例子就是 MySQL，这是一个开放源码的关系数据库，甚至在大企业中也得到广泛采用。

推动用户创新的动力也已扩展到网络。用户（可能是公司中的部门或从事多租户服务的公司）希望（并在某种程度上期望）能够根据服务和应用程序来自定义其环境。在这种情况下，"应用程序"一词指的就是诸如路由、优化和安全性。为了适应这种情况，业界需要改变网络的工作方式。

从本质上讲，我们希望的结果是使网络可编程。这样一来，就可以更容易地适应变化，为某些类型的用户实现定制化的环境，并更容易地真正利用数据中心虚拟化的全部力量，这些变化的结果体现在所谓的软件定义网络（SDN）中。本章将介绍网络现在的工作方式，为什么需要改变，以及 SDN 如何解决这个问题。

20.1　网络的简要回顾

对网络的简要回顾将有助于解释 SDN 试图解决的问题。正如你所回忆的那样，网络是由路由器和交换机等专门计算机组成的集合，这些计算机相互之间发送和接收数据包。数据包由通过物理链路发送的数据块组成。数据包是一系列的 1 和 0，其中包含少量的数据（通常数据在发送端被分解成小块，在接收端被重新组合），以及路由器和交换机关于将数据包移动到预定目的地的指令。这些信息放在数据包的前部，称为报头。

如图 20-1 所示，计算机之间传递的信息被称为有效负载。多个数据层被组合在一起，每个数据层都有自己特定的指令集，通信线路另一端的相应计算机将使用这些指令将数据转化为可用的形式。这些不同的指令/信息层统称为 OSI 栈。

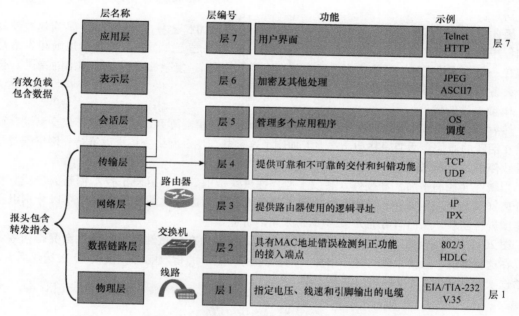

图 20-1　OSI 模型定义了网络组件的通信功能，与厂商和具体技术无关

为了使网络有用，信息必须从网络的一部分传递到另一部分。这可能是在服务器、计算机或专用通信设备之间，如基于 IP 的电话（VoIP）。当一个网络会话被启动时，第一个数据包被发送到下一个网络设备。当一个网络会话被启动时，第一个数据包被发送到下一个网络设备。该设备必须弄清楚如何处理这个数据包，而如何做出这个决定的过程（及其背后的软件）是为什么必须改变一些东西的核心，才可以使用户能够创建自己的应用和程序。

第一个问题是，每个网络设备实际上是一个独立的岛屿。因此，尽管每个设备都是大规模连接的大架构的一部分，但这些专用计算机是自成一体的门户，流量通过这些门户流动。这是互联网构建方式的一个产物，它被设计成即使大部分内容丢失也能正常工作，其结果是，网络上的每个节点都是自给自足的。

1. 控制平面和转发平面

这些被称为交换机或路由器的专用计算机有两个逻辑平面（或功能），称为控制平面和转发平面（有时称为数据平面）。控制平面是设备的智能所在。所有的指令（以应用程序和大型规则表的形式）都存储在这里。另一部分是转发平面，数据包从机器上的一个网络接口转移到机器上许多其他网络接口中的一个。你可以认为控制平面是大脑，转发平面是肌肉。

这似乎是构建网络设备的一种完全合理的方法，并且已经运行了很长时间，但是问题在于，随着时间的流逝，它会在网络中造成大量的复杂性，因为每一个功能、应用和规则集都必须被编程到每一个设备中，因为每个设备都依靠自己的小脑来运行应用和做出转发决策。鉴于一个网络中包含数万个这样的设备并不是什么稀奇的事情，所以这种复杂性会达到噩梦般的状态。这也意味着，如果用户对网络上的一个节点做了什么不可预知的事情，就会破坏其他节点。而这是个坏消息。

因此，每一件新事物都必须被网络中的每一个设备添加和学习，一般来说，所有这些新的规则和程序都会被堆叠在这些设备中已经运行的每一个程序之上，而且往往这些规则和表格都被捆绑在一起，这就在整个网络中形成了"复杂之塔"。所以，复杂性（以及延伸出的错误）会在整个设备和其他网络中层层叠加。

2. 复杂性的代价

然后，云和迁移性等新的使用模式导致了不断移动的机器阵列，这些机器不仅会移动，而且经常在活跃的通信会话期间移动，这大大加剧了这种复杂性。网络变得难以维持，网络配置错误是导致停机的重要原因。

当软件（控制平面）和硬件（转发平面）深度集成时，这也阻碍了技术创新的步伐。将它们分离（这与将应用程序和操作系统与服务器分离以进行虚拟化的方式相同）可以分别以不同的速度进行创新，从而有可能为 IT 组织带来新的价值。

图 20-2 试图说明以均匀速度添加变量的复杂系统如何在少量迭代后复杂性会变得指数级增长。在这种情况下，简单地将选项增加一倍，就会产生 2^x 的指数响应。仅仅 10 次迭代后，2 个原始选项就增加到了 1024 个。

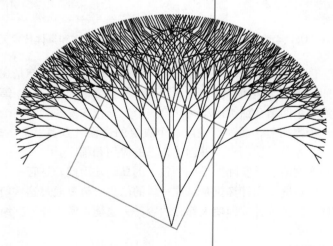

图 20-2　在复杂系统中，增加变量会增加复杂性。简单地将选项增加一倍就会产生指数级的复杂性

现在将其应用到网络中。想象一下，一个网络设备只运行着几个应用程序，每个应用程序都有一些资源、规则或表的重叠，如果增加一个新的应用程序，并影响到现有的规则集中的一个以上，那么复杂性的影响与应用程序的线性增加不成比例。在很短的时间内，增加一个应用或规则就会产生重大而深远的后果。这种增加的复杂性也大大增大了配置错误的可能性，然后造成更多的复杂性。

这样的系统在收集和传播网络上设备的信息时，效率特别低。设备信息共享是大量网络流量的来源，因为除了实现终端设备之间的通信外，还必须在设备之间共享信息，以监控和确保网络的健康和可靠性。事实上，这正是集中式网络智能可以大大降低复杂性和增加效率的案例。

举个例子，让我们来看看最常见的网络活动之一：发现网络中最有效的路径。由于网络中的每个设备都必须做出并执行数据包转发的决定，因此每个设备都必须知道在哪里（哪个端口，以及延伸到它所连接的许多其他设备中的哪一个）发送数据，以确保数据包在网络中采取"最佳"路径发送。在大多数网络中，这一点是通过称为开放最短路径优先（OSPF）的路由协议来实现的。

顾名思义，OSPF 创建了一套规则，告诉设备将流量传送到最终目的地以及网络中到达每个点的最佳路径是什么。在这种情况下，最佳是一个相对的术语（它也可以基于速度或设备数量等），它基于"链路状态"，这意味着它创建的地图会根据可能影响任意两点之间数百万个连接组合的任意数量的因素而不断变化。OSPF 基本上在任何给定时间都会创建网络的"快照"，并且需要不断进行更新。

为了使 OSPF 能够在网络中工作，网络中所有的决策都是通过每个设备来进行的，网络社区制定了一个 245 页的规范，来描述每个设备反复"寻找、报告和学习"所需的过程（以及相关的代码），直到所有信息都通过网络传递。

为了将复杂的情况说清楚，想象一下，如果在你回家的路上，你必须随时知道你可能选择开车经过的每一个十字路口的状态，这样你才能快速回家。这将是一项艰巨的任务，因为这些十字路口的状态不断变化。网络也有这个问题，而云计算使这个问题变得更加严重，因为它提高了网络的变化速度。然而，这个问题之所以存在，只是因为每个网络都需要自己弄清楚这些信息。

相比之下，如果网络有集中的智能，即这个"链路状态图"可以用一种非常简单直接的方式来完成。使用一种叫作 Dijkstra 算法的东西，通过一个简单的过程和几行代码，就可以快速有效地找到整个网络中的单一最短路径。这个算法是由数学家 Edsger Dijkstra 设计的一种高效的图搜索方法（他早在 1956 年就已经完成了）。这种算法与 OSPF 完成的事情是一样的，但它可以用半页纸来描述（为 OSPF 描述的 1/500）。唯一需要注意的是，你需要集中的网络智能来完成它。

3. 将网络应用与网络设备解耦

除了智能全网分布造成的问题外，我们在这些系统上开发网络应用和代码的方式也存在问题。再次，请记住，在这种情况下，我们谈论的是网络应用，如路由和优化，而不是在你的计算机或智能手机上运行的应用程序，目前的做法也抑制了用户创新。这里的问题是，除了每个网络设备有自己的控制平面外，每个设备还有自己复杂的操作系统，每次进行更改时都必须对其进行设置、保护、维护和重新配置。

如果从制造商的角度查看其中一个系统上的代码栈的框图（见图 20-3），则可能会发现存在明显的功能块。底部是设备上运行的专用硬件。安装在定制硬件上的是提供商的专有软件，在其之上的是各种网络应用程序，如路由功能、管理软件、访问列表和其他许多应用程序。你会注意到与虚拟化章节中的应用、操作系统和服务器硬件的关系有明显的相似之处。

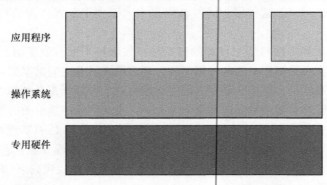

图 20-3　大多数设备制造商声称它们的产品具有彼此不同的代码栈（代码的功能部分）

　　如果真的是这样的话，那就好办了，但如图 20-4 所示，实际上这些部分的代码库是不可避免地相互交织和相互依赖的，因此其中一个应用程序的问题会影响操作系统，而操作系统又会影响专用硬件指令，反之亦然。这就是为什么应用程序或配置问题往往会在网络中层层叠加，从而造成性能问题，或者更糟糕的是，会造成中断和重启。

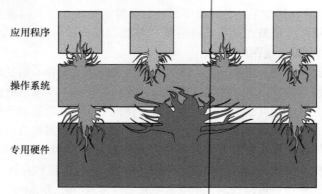

图 20-4　尽管制造商声称，但它们的代码栈却是不可避免地交织在一起的

　　这些系统还增加了复杂程度，甚至超过了控制权分配所造成的复杂程度。回想一下，这些设备中的每一个都有数百万行代码，它们位于不同版本的硬件和内存上，所有这些复杂性，嗯……非常复杂。

　　这是创新速度比大多数用户想要的慢且定制（对于同一网络上的多个用户而言）困难的部分原因，因为每个主要的网络公司都面临着相同的复杂性问题，以及随之而来的任何新应用程序必须在所有不同提供商的设备之间兼容。兼容性问题是通过标准机构解决的，但是即使如此，要设计一个新的应用程序，然后进行审核之后生产，可能还需要花费很多年。

在这里值得注意的是，这并不是大型网络公司的某些邪恶阴谋的结果。当这些系统刚诞生的时候，有大量的创新和合作，并在 20 年的时间里迅速改变了商业和通信的格局。事实上，这一切还在继续，其实很了不起。不过问题是，今天真正需要的是可编程的网络，而不是对一组设备进行单独编程的网络。

这其中的难点在于，使用集中式控制器对网络进行编程，有可能需要网络提供商将它们的代码开放给公众，这不是它们愿意做的事情。幸运的是，有一些变通的方法，正如我们在控制器部分所讨论的那样。事实上，你会看到大多数大的网络提供商都支持 SDN 计划，即使这意味着它们业务的改变和会失去一些市场控制权。

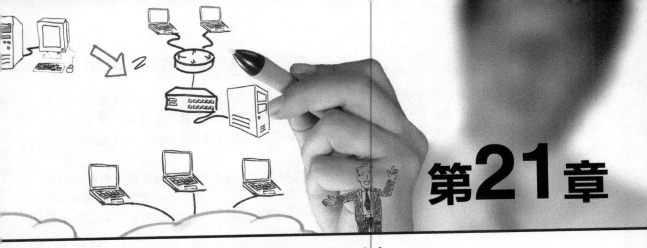

第21章

SDN是如何工作的

上一章讨论了传统网络缺乏可编程性的问题，并指出改造网络的关键是将控制平面（软件）与数据平面（硬件）解耦。这样，我们就可以提供集中式控制并享受可编程网络的好处了。适应这种新模式涉及两个关键步骤。

首先，我们希望网络是集中式控制，而不是让每个设备作为自己的孤岛。这样可以极大地简化网络的发现、连接和控制的过程，在大型传统网络中，所有这些都是复杂而麻烦的。拥有全局控制实际上使整个网络变得可编程，而不是每次添加应用程序或移动某个设备时都要单独配置。这就好比一个将军命令全军"向北进军"和告诉一个士兵让他对旁边的士兵低声说"向北进军"的区别。第一种方法带来有秩序的行动；第二种方法会造成混乱，最终可能导致军队向北缓慢移动。

其次，我们希望通过一个定义明确的应用编程接口（API），对网络操作系统和运行在其上的应用程序进行明确的划分，这有利于第三方可以快速、轻松地开发应用程序。正如前一章所提到的那样，这种创新的速度超过了大型提供商所能达到的水平，这也是网络领域的一大变化。应用程序比十年前更需要与网络控制系统对话，更大的优势是不用再等待提供商完成非常长的开发周期了。

听起来很简单，这正是软件定义网络（SDN）的作用。

21.1　了解SDN

如果我们以SDN的简要视图来看，可以认为它实际上只是一个可扩展的网络控制系统，该系统允许单独的应用程序通过定义的API控制网络硬件的转发平面。它有效地将网络智能从许多网络设备中拉出，并将其交给中央处理机构。在前面的例子中，SDN就是让将军一次性向所有部队下达命令的机制，而不是通过只传递一个命令，最终导致命令在队伍中缓慢而随机地移动。

图21-1显示了传统网络的简要网络框图。每个交换机/路由器上都加载了应用程序，而且每个交换机/路由器都必须单独编程。应用程序可以包括入侵检测、监视、IP语音（VoIP）和负载

均衡等功能。当数据包流经网络时，每个交换机/路由器都根据本地逻辑来决定将数据包路由到何处。在这个网络中，对应用程序或数据包的任何更改都必须系统地编程到每个交换机/路由器中。

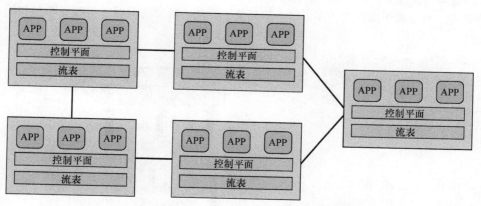

图 21-1 在传统网络中，每个设备都包括控制平面和转发平面。
每个设备上还加载了应用程序，每个设备都必须单独配置

图 21-2 展示了 SDN 的网络框图。在这种情况下，应用程序将从交换机/路由器中删除。集中式控制器成为所有设备的控制平面，从而使网络可编程。应用程序与控制器交互，它们的功能可以跨网络应用。

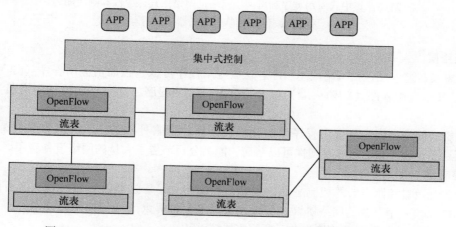

图 21-2 通过 SDN 可以使用集中式控制器对整个网络的流进行编程。
应用程序与控制器交互，并在需要的地方应用服务

现在，流量是在集中化控制器的监督下进行的，该控制器向每个交换机/路由器分发和管理流表。流表可以基于多种因素，我们在如何定义流表方面有很大的灵活性。

流表还收集统计信息，这些统计信息将被反馈给控制器。这可以提高网络的可见性和控制力，出现问题会立即报告给控制器，进而可以在整个网络中进行即时调整。

图 21-3 显示了 SDN 的一个逻辑视图。SDN 最酷的一点是，由于大多数应用程序并不驻留在实际设备上，而且大多数应用程序只通过控制器与它们进行连接，所以网络看起来像是一个大交换机/路由器（请注意，有些应用程序只是网络上的节点）。网络上可能有 3 台设备也可能有 30000 台设备。对于集中式应用程序，这一切都是一样的。这使得升级、更改、添加和配置比以前简单得多。

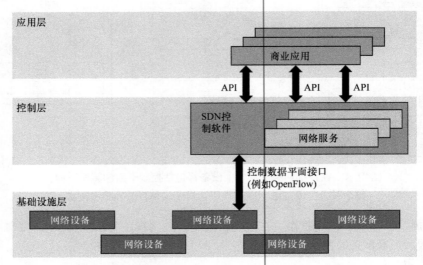

图 21-3   集中式应用程序和可编程网络使网络更具适应性和响应能力，
因为更改仅需在单个控制器中进行

1. 应用层

顾名思义，这一层包括网络应用程序。这些应用程序可以包括通信应用程序（如 VoIP 优先级划分）、安全应用程序（如防火墙）以及许多其他应用程序。这一层还包括网络服务和实用程序。

在传统的网络中，这些应用程序是由交换机和路由器来处理的。SDN 允许我们卸载它们，使它们更易于管理。这也意味着硬件可以精简，能为公司节省了大量的网络设备费用。

2. 控制层

过去的交换机和路由器的控制平面，现在已经集中化了。这样就可以实现一个可编程的网络。OpenFlow 是一个开源的网络协议，尽管大型网络设备提供商（例如思科公司）有自己的变体，但 OpenFlow 是业界似乎已接受的开源网络协议。

3. 基础设施层

该层包括物理交换机和路由器以及数据。流量根据流表进行移动。在 SDN 中，此层在很大程度上没有变化，因为路由器和交换机仍在移动数据包。最大的区别在于，流量规则是集中管理的。这并不是说实际的"智能化"已从提供商的设备中剥离出来。实际上，许多大型网络设备提供商都通过 API 提供 SDN 集中式控制，以保护其知识产权。也就是说，可以以比传统网络设备低得多的成本使用专门为 SDN 构建的通用数据包转发设备。

21.2　可编程网络

更进一步，开发人员在硬件层和控制系统之间增加了一个虚拟化层，这样网络管理员就可以很容易地创建"切片"，并让通用网络硬件支持多个独立的配置，就像一个管理程序允许在一台服务器上支持多个虚拟机一样。换句话说，利用 SDN，管理员可以为一组用户创建一套（转发）规则和应用，而为另一组用户创建一套完全不同的（转发）规则和应用。

如图 21-4 所示，网络管理员就可以根据用户类型（或组）的需要，选择他们要允许哪些应用（以及在哪里），而不是对所有用户一视同仁，或者必须对每个设备分别进行编程（每次都有变化）。实际上，SND 允许你在通用基础设施上创建多个虚拟网络。

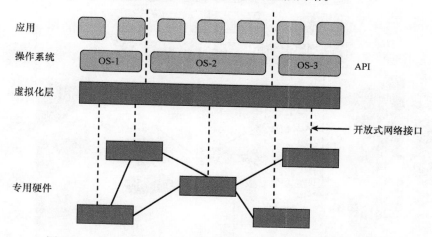

图 21-4　使用 SDN，你可以在通用基础设施上创建多个虚拟网络

回想一下，虚拟机是一个从服务器中抽象出来的自成一体的应用－操作系统组合。SDN 可以被认为是网络的虚拟化。它将网络管理员从每次添加新的应用、网络设备或虚拟机时，必须重新配置云或主干网络中的数百个网络设备的繁重工作中解放出来。更重要的是，SDN 让我们可以充分利用服务器虚拟化和云计算的优势，它消除了枢纽点充分利用虚拟化功能的瓶颈。

21.3　那又怎样

这里最大的启示是，SDN 使网络运营商为使用网络的个人提供定制化的独立服务变得非常容易（比过去容易多了）。通过 SDN，网络所有者获得了定制网络的能力，从而拥有了所有（或至少是大部分）的权力和控制权。例如为了更高的效率、性能和安全性，他们可以摆脱他们不使用的功能，快速、轻松地将网络的部分（或用户，或流量类型）从其他部分或用户以及流量类型中隔离出来，或者创建定制化的应用。同样，这里的关键是集中式控制和可编程性。

可以肯定，SDN 将提高创新速度（众所周知，如果让用户创建应用程序，他们将会……实际上将创建许多应用程序）。这有可能会带来一些真正的突破，对于网络来说应该是一个令人兴奋的时刻。值得注意的是，这不会降低大型企业创造应用的价值。实际上还会增加它的价值，而且也会帮助企业更具创新性。这是一个多多益善的案例，也是一个更好的案例。从云网络的角度来看，以 SDN 形式出现的网络虚拟化几乎会像服务器虚拟化一样加速云提供商的发展。

如图 21-5 所示，利用 SDN 可以实现整个网络的虚拟化。使用集中式控制器软件（如 Open-Flow）可以对虚拟机之间或与用户之间的连接方式进行可编程控制。它还允许快速、轻松地创建逻辑（和位置无关）分组。而这在需要逐个设备配置的传统网络中是很复杂、很慢、很容易出错的事情。

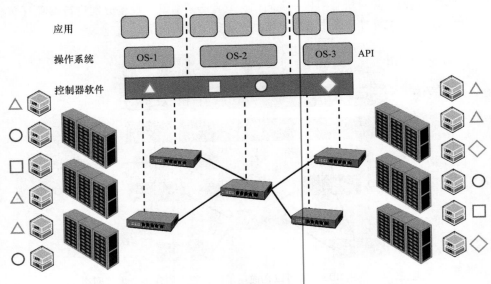

图 21-5　SDN 允许对虚拟机之间或用户之间的连接方式进行可编程控制。
它还允许快速、轻松地创建逻辑（与位置无关）分组

不过，真正的大收获是，SDN 将使网络的复杂性降低很多，这也将使网络更快、更可靠、更敏捷，并且更安全。没有人希望当前的网络模型变得非常复杂，并且通常与客户想要使用和移动数据的方式相矛盾。现实情况是，基于分布式控制、交织的硬件－软件系统和堆叠的代码库的网络正在接近其使用寿命。SDN 和集中式控制、虚拟化应用程序以及可编程网络的出现，将我们带入了下一个网络黄金时代。

SDN和NFV的优势

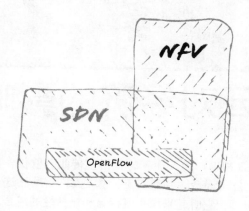

SDN和NFV
相关但不相同

SDN/NFV推动力

运营商面临的挑战
- 降低收入成本比
- 服务速度慢
- 提供商锁定
- 探索流量需求

数据中心趋势
- 虚拟化是常态
- 快速的技术进步
- 首选通用服务器

优势

加快业 务速度	节约运 营成本	资本支出 可预测性	弹性 缩放	提供商 独立性

SDN
- 将控制平面与数据平面分离
- API驱动转发规则
- 有状态的L4~L7是关键
- 来自数据中心世界
- ONF标准化工作

NFV
- 硬件与软件解耦
- 灵活的网络功能部署
- 专注于L3~L7 OSI
- 由运营商发起和推动
- ERSI-NFV ISG的标准化工作

第22章

SDN、NFV和云对经济的影响

关于软件定义网络（SDN）、网络功能虚拟化（NFV）和云计算的营销宣传此起彼伏，其中大部分的要点是"这是一件很好的事情，很多人/公司都会赚到或省下一大笔钱"。虽然这可能是真的，但这并不是完全有用的信息。大多数情况下，它听起来像是流行语和概括性的组合。在本章中，我们通过关注三个方面，将营销口号与经济现实区分开来。

■ 赢家：他们是直接受益于 SDN 和云计算的人。那么他们是谁，他们获得了哪些好处呢？

■ 输家：与任何颠覆性技术一样，并不是每个人都会因此而变得更好。有必要去了解这些人是谁以及他们为什么会失败。

■ 整体经济影响：当你抛开具体的个人，从更大的经济角度来看，你会更好地理解 SDN、NFV 和云计算的真正经济性。

22.1 SDN、NFV 和云领域的赢家

事实证明，当涉及这些新技术时，几乎每个人都会赢，这对任何人来说都不应该是一个惊喜。事实上，赢家太多，所以最好将本节分成几块。

1. "小人物"如何取胜

虽然大家都在谈论大型企业和政府机构将如何在 SDN、NFV 和云计算上节省"数以百万计"的资金，但小人物也是赢家。这里的"小人物"指的是那些对新应用有好想法的大学生，或者是想要加紧开发的初创企业，或者是想要投资客户关系管理（CRM）系统或其他业务应用的小型成长型公司。SDN、NFV 和云网络让它们都能做到的是，在不需要进行大量资本投资的情况下，就可以获得拥有实现目标所需的资源。这反过来又让它们可以将这些资本投资到其他地方（或者让它们避免筹集昂贵的外部资本）。让我们通过一两个例子来说明这一点。

（1）正在开发应用程序的两名大学生

Jeff 和 Carol 有一个很好的想法，想开发一个帮助夫妻解决争吵的应用程序。他们具有编程开发的技能。他们进行了一些初步研究，并估计所需的服务器和操作系统的价格约为 5000 美元，但他们凑不齐这笔钱。他们还需要将服务器连接到互联网上，因此他们需要与互联网服务提供

商（ISP）签订合同，以获得商业级的连接，这将需要每月花费几百美元。他们可能也无法让父母帮忙，因为父母还要负责他们的学费。

　　然而，有了 SDN、NFV 和云网络，他们可以以"随用随租"的模式租用所需的计算资源，这在他们的预算中是很容易负担得起的，起价约为每月 30 美元。内置的带宽可随时使用，只有当他们的应用程序获得大量流量（从而有望赚钱）的情况下才需要付费，这是在预算之内的，他们可以在几分钟内启动并运行（和编码）。

　　（2）考虑数据中心的初创企业

　　Spackler Industries 是一家软件开发公司，一直在稳步发展，它们现在发现自己有多个网站，每个网站都有多个服务器。很明显，分布式服务器的效率低下，以及备份不一致的风险是很糟糕的，而且随着公司的发展会越来越糟糕。它们需要投资建立自己的数据中心，这个数据中心不仅要满足目前的需求，还要适应公司预期的两到三年的增长。问题是，这个 90 多 m^2 的房间的每月租金约为 25000 美元，再加上改造房间以满足所需的电力和冷却的前期成本（更不用说机架、服务器、建设、许可证和电力）。该网络将需要光纤连接到最近的光纤线路，这将花费数万美元，并需要拖拉机和大量的管道。等到公司把所有的费用加起来，至少需要一百万美元的前期和持续成本，这就需要额外的资金。基于此，它们需要重新考虑自己的计划。

　　然而，通过 SDN、NFV 和云网络，这家公司可以为它们所需的计算资源签订可升级的合同。这不仅消除了前期成本，而且还可以让它们非常快速、轻松地扩大或减少计算和存储资源的规模。网络问题消失了，它们不仅避免了支付互联网带宽的费用，也避免了支付数据中心内多台服务器相互连接的冗余交换机的费用。它们还可以根据自己的实际需要，而不是根据提供商给它们的东西，来定制它们在网络上使用哪些应用程序。事实上，这种类型的服务可以让它们获得商业计划中规定的最大数量的资源，以实现增长，而不是最低限度的资源。这个计划可以让它们雇佣更多的开发工程师，而不是购买服务器、网络设备和长途带宽，然后再支付维护费用。

　　这里有几个意义值得指出（一个很明显，另一个不那么明显）。很明显的是保本。钱是很贵的，要想赚到超过成本的钱是很难的，而从外部筹集资金有时更难。不过多年来，公司、初创企业和创业者不得不想方设法为发展筹集资金，这些努力需要花费大量的时间和精力，而且往往会导致所有权的极大稀释或控制权的丧失。在许多方面，SDN、NFV 和云网络消除了计算资源的资本壁垒，或者至少大大降低了获得这些资源收益的门槛。可以毫不夸张地说，今天的初创企业可以花费 10000 美元来获得以前 Hotmail 或 Google 创始人花费 10000000 美元获得的资源。

　　事实上，网络是云计算和数据中心的基础，正是网络问题推动了第一家现代云计算公司 Exodus Communications 的创立。20 世纪 90 年代中期，Hotmail 的创始人在办公室的桌子下放了一些服务器，并向电话公司支付了大量的钱，建立了一个小小的数据中心，以获得 T1（1.5Mbit/s 的宽带网络）连接。问题是，它们的电子邮件服务太受欢迎了，以至于它们需要更多的 T1 线路。因此，它们打电话给电话公司希望获取更多的 T1 线路，但电话公司表示安装另一个网络连接将需要六到八周的时间。

　　Hotmail 的创始人很快意识到，与电话公司将铜线或光纤部署到它们的公司总部的速度相比，他们可以更快地为受欢迎的服务增加服务器。所以为了避免停止服务（因为无法满足更高的需求），它们找到当地的 ISP（网络服务提供商），并要求将 Hotmail 服务器放在互联网主干网旁边，而不是花时间把网络接到服务器上。于是，主机托管模式应运而生。它在经济性上非常容易让人接受，仅三年后，服务提供商（Exodus）公司就成了纳斯达克表现最好的股票，全球收入超过10 亿美元，在全球拥有 42 个数据中心。

所以，显而易见，是网络的限制导致了主机托管的形成，也是主机托管为现代云服务［包括软件即服务（SaaS）和基础设施即服务（IaaS）］的发展创建了基础设施。SDN、NFV 和云网络就是用户收回控制权的结果。

网络和数据中心快速增长的另一个含义是，由于这些计算资源的获取成本很低，所以需求增长，从而增加了整体的创新量（这是不太明显的好处）。资源的成本如此之低（进而"滥用"资源所带来的风险也低得多），用户往往会更有冒险性，这实际上提高了创新的整体质量，因为更多的用户"推陈出新"。真正的突破发生在聪明人建立了以前没有人建立过的联系，并且很少有人能提前看到时。但这种类型的创新往往是在长时间的"失败"之后出现的。廉价且可行的资源使得处理失败变得更加容易（且成本更低），从而提高了创新能力。

2. 大型企业是如何利用 SDN、NFV 和云取胜的

如果你完全了解这些技术的经济影响，那么从企业的角度来看，你会读到什么？在本书第 1 部分中，你了解了静态服务器模型的问题。公司必须按照预期的最大使用量来构建数据中心，这当然是非常低效的。下面的图表可能会更好地解释这一点。

从图 22-1 的阴影区域可以看出，有大量的资源没有得到有效利用，但这只是问题的一部分。

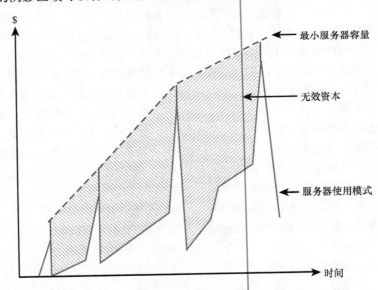

图 22-1　传统的服务器利用方式经济效率低下

具有这种使用模式的公司（有很多这种公司）的另一个问题是，它们必须为设备提供房屋，为所有的设备供电，为所有的设备降温，维持全职人员的运行和维护，以及其他一些成本，这些成本呈上升的趋势，如图 22-2 所示。对于一个规模不大的数据中心来说，仅布线一项就需要几十万美元。从经济学家和 CFO 的角度来看，这显然是一个糟糕的模型，但这是几乎所有人都采用的模型，这是为什么呢？

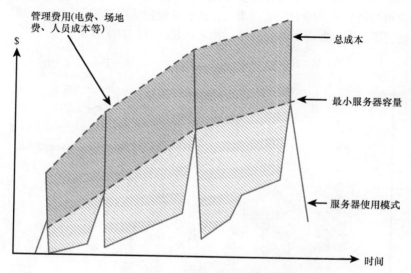

图 22-2　数据中心总成本

这看起来像是一个糟糕的模型，但是每个人都忍受这种低效率，因为尽管效率低下且开销大，但公司仍通过使用所有这些服务器赚了很多钱。如图 22-3 所示，所有数字都在"向右上方"移动。因此，尽管花费了大量的钱，但它们也按比例赚了更多的钱，购买了更多的服务器和网络设备，并雇用了更多的人，而且越来越多，虽然之前持续了很长时间，但这通常不会持续太久。

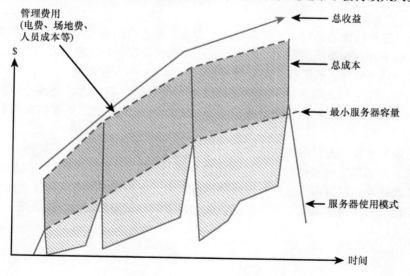

图 22-3　数据中心成本与收益

通常情况是，新技术的收益达到了收益递减的点，这意味着所获得的相对收益少于实现该收益的成本。到那时，继续投资该收益将变得毫无意义，如图 22-4 所示。但是，问题在于，如果你拥有一家大型公司，并且能看到客户增长，或者你制定了明确的开发计划，那么就不容易停下来。在许多情况下，存在很高的退出壁垒。换句话说，它们被卡住了。

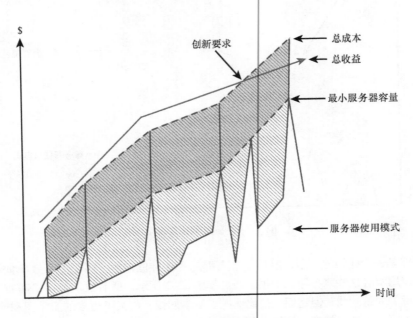

图 22-4   数据中心收益递减

好消息是，这种特殊的系统由于管理费用非常高，加上使用模式的突发性，同时要求公司维护支持不频繁和不相称的高峰使用模式的资产，所以非常不经济。这种模式的创新已经成熟，因为仍然有大量的钱可以赚，我们仅仅需要摆脱所有非常昂贵的管理费用。

这正是 SDN、NFV 和云网络技术对传统的维持大型数据中心的大公司或组织的作用。通过 SDN 和云网络，基本上可以租用容量，并降低成本，而不会减少使用更便宜的资源所带来的收益，如图 22-5 所示。

从用户的角度来看，云网络技术使其能够通过按需租用资源来维持相同的突发（但不断增加）使用模式，而无须支付其他费用。虚拟化使托管公司可以消除专用服务器的许多低效率问题。云网络模式让它们可以将这些计算资源提供给用户，在为用户节省大量资金的同时，也为提供商赚了不少钱。SDN 模式消除了网络的低效率和昂贵的提供商驱动的解决方案。

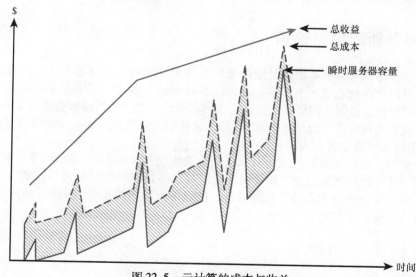

图 22-5　云计算的成本与收益

22.2　云计算中的失败者

在云计算大肆宣传的情况下，很容易忘记有些人和公司会失败。值得花几段文字来介绍一下它们。

首先，有些人的生活因这种转变而受到干扰。如果你所就职的公司决定将其一个巨大的数据中心外包给云提供商而大幅减少了 IT 员工的数量，那么你可能不会对此感到兴奋。在某些情况下，这并不会造成破坏性的影响，因为 IT 技能的需求仍然很高，但是，如果你是那个被解雇的人，那么宏观统计就毫无意义了。

在公司层面，有些公司也会有损失。当大数据中心（和大客户）停止运营时，当地电力公司可能会失去一大笔收入。服务器公司和生产服务器操作系统软件的公司也会有损失，因为大型云提供商通常更喜欢使用运行自己软件的服务器。这些公司需要寻找其他收入来源，否则就会面临经营的风险。

其他潜在的失败者是那些在没有真正需要的时候就采用了云技术的公司，这浪费了时间和金钱——这两样东西本可以用在其他地方。在某些情况下，继续使用专用服务器是完全可以的，这一点不应该让人感到惊讶。古老的格言在这里有时也适用：如果它没有坏，就不要修复它。不过，有些人会被炒作所迷惑，浪费宝贵的资源转换到云和 SDN，而它们所拥有的东西完全可以正常工作。

从整体上看，失败者远比胜利者少，从宏观意义上讲，在向云和 SDN 的转变中，整体经济是比较好的。经济学理论认为，全局的收益胜过个人的损失，但正如前面提到的，如果你是那个失去工作的人，或者是你的公司在这些技术转变中倒闭，那当时很难看到更大的利益。

22.3   增加创新的经济价值

古典经济学理论认为，资本积累是经济增长的主要驱动力，而对过程的额外投入将推动更高的生产率，进而允许创造更多的资本。这种"良性循环"基本上说，如果你有更多的钱，你可以购买更多的零件，以制造出更多的部件，你可以卖掉这些部件以赚取更多的钱，然后你可以用这些钱来购买更多的零件（继续下去）。当然，这并不是很简单，也有一些限制（例如收益的递减点等），但这几乎是它的要点。

按照这种思路，云的主要经济效益将来自于企业因使用云和 SDN 技术而节省下来的额外资本。换句话说，对于所有利用该技术的公司，我们可以通过将所有"曲线下区域"（图 22-6 中的实心阴影部分）相加来量化云的总经济价值。这就是云计算模型给我们提供的回收资金的简化版本，这是一个非常大的数字。

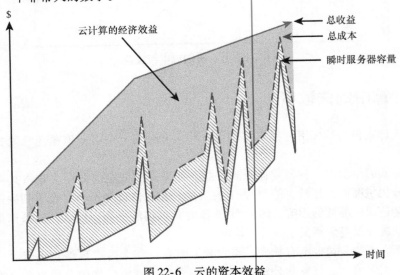

图 22-6   云的资本效益

不过有趣的是，尽管这个数字很大，但它甚至可能不是云计算真正经济价值的主要驱动力。解释这一观点的理论是一个比较新的学派，叫作创新经济学。这个理论指出，推动经济增长的不是资本的积累，而是市场的创新能力，这才是主要的增长动力。而云和 SDN 使大量的创新能力得以实现（除了前面讨论的所有新释放的资本之外）。

如前所述，云和 SDN 模型将允许大公司消耗更多的计算资源，从而增加了创新（可能是线性的）。此外，云资源的低成本降低了这些资源的消耗风险，这在促进大公司内部的创新方面大有帮助，而大公司往往是趋向规避风险的。另一方面，云和 SDN 允许那些倾向于冒险的人（如初创企业和企业家）可以使用非常强大的创新工具（以前昂贵的计算和网络资源）。这些参与者通常是破坏性创新的驱动力，但它们通常缺乏将其想法付诸实践所需的资金。廉价的计算和网络资源可被视为推动了积极创新者总数的增长，根据该理论，与从较便宜的计算成本所释放的资金本身能够实现的增长相比，这将推动更大的增长。

换句话说，所有这些创新将推动更多创新，这是一个很好的选择。

云网络经济学

对经济的实际影响

数据中心和先进计算的好处是众所周知的，这也是为什么大家对它如此感兴趣的原因

服务器成本
设施成本

问题是，它真的很贵

人员和电力的持续成本……

甚至在它们闲置时也会产生成本

这就限制了谁能使用数据中心，并且会有很多浪费

所有这些有限的创新都是因为费用和损失的风险很高。这也将那些往往是最好的创新者的"小人物"挡在了门外

云网络极大地降低了获得大计算能力的成本壁垒，这意味着更小的风险和更少的成本，从而带来更多人进行更多创新，而更多创新则意味着更大的经济增长

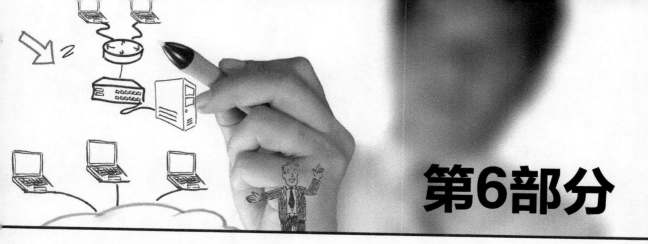

第6部分

SDN控制器

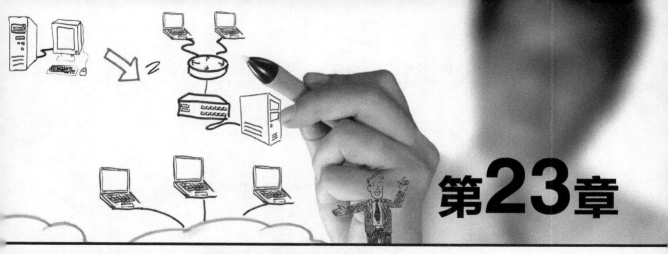

第23章

SDN控制器功能

之前讨论的很多内容都集中在 SDN 上，但只是绕过了实现 SDN 的设备：SDN 控制器。从 SDN 架构中我们知道，控制器是关键，是架构层次的顶端，它是系统的大脑。然而，我们不太清楚的是，这个控制器是如何发挥作用的，甚至是如何融入我们的网络拓扑结构中的。

本章将介绍控制器的功能，以及它们如何在调节应用层（我们使用的应用程序）和物理层（我们的数据必须穿过的路由器和交换机）之间的数据流方面发挥了不可或缺的作用。例如，如果你要取代每个设备的控制层——路由器或交换机，你必须有另一种集中控制的手段，这就是中央控制器的作用。

23.1 集中控制

控制器是网络中一个集中的"大脑"，它将拥有所有网络设备的全局视图，包括它们之间的相互连接以及主机之间的最佳路径。有了这个单一的网络全局图，控制器就能在链路故障时，迅速、智能、敏捷地做出流向、控制和快速网络协调的决策。

如图 23-1 所示，网络不再需要融合，通过网络中的多个设备交换路由表，运行一个算法，然后再更新它们的路由表，再重新计算首选路由。网络融合的时间如下所示。

网络融合的时间 = 检测故障的时间 + 向各方宣布故障的时间 + 运行算法的时间 + 更新各设备数据库的时间

然而，在 SDN 中，控制器已经拥有整个网络的全局视图和每条链路的预设替代路由（flows）选择，因此它可以比传统的路由协议［如开放最短路径优先（OSPF）或增强型内部网关路由协议（EIGRP）］更快、更优雅地切换到替代路由。毕竟，控制器不需要重新计算每条链路的最短路径，它已经知道这些路径，因此不需要运行路由协议算法或更新路由表，这在网络融合过程中也需要不可忽略的时间。

1. 商业控制器与开源控制器

如果控制器要成为网络的大脑，我们必须考虑如何从今天的传统网络拓扑结构到 SDN 集中

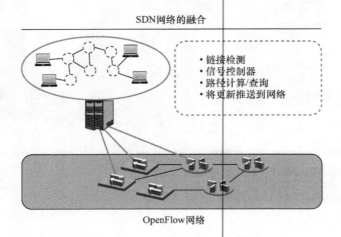

SDN网络的融合

- 链接检测
- 信号控制器
- 路径计算/查询
- 将更新推送到网络

OpenFlow网络

图 23-1   在 SDN 中，网络融合效率更高

式网络，这就是控制器发挥作用的地方，它们是非常重要的。所以，让我们来看看一些可用的开源和商业控制器。

（1）商业控制器

■ 思科应用程序策略基础设施控制器（APIC）

思科 APIC 充当控制、数据和策略的中央点，并提供中央 API。

■ 惠普虚拟应用网络（VAN）SDN 控制器

其使用 OpenFlow 来控制 SDN 拓扑中的转发决策和策略。

■ NEC 可编程流 PF6800 控制器

NEC 控制器是可编程和标准化的，它与 OpenFlow 和 Microsoft 系统虚拟机管理器集成在一起。

■ VMware NSX 控制器

该产品是一个分布式控制系统，可以控制虚拟网络，并在现有的基础设施上叠加传输隧道。控制器与应用程序对话，以确定它们的需求，然后控制所有的 vSwitch（虚拟交换机）。

（2）开源控制器

■ OpenDaylight 开源 SDN 控制器

OpenDaylight 可以对任何提供商的设备进行集中式控制，这是下章的主题。

■ OpenContrail SDN 控制器

该控制器实际上是 Juniper 商业产品的衍生产品，可以用作开源许可下的网络虚拟化平台。

■ Floodlight

这是一个基于 Java 的 SDN 控制器，支持一系列的 OpenFlow 虚拟或真实交换机。它是 Big Switch 开源项目的一部分，已经成功地应用于一些 SDN 项目中（例如 OpenStack Quantum 插件和 Floodlight 虚拟交换机）。

■ Ryu OpenFlow 控制器

Ryu 是一个开源的 SDN 控制器框架，支持 OpenFlow、Netconf 和 OF – config 等多种协议。

■ 流量调节器

这是专业的 OpenFlow 控制器,充当交换机和多个 OpenFlow 控制器之间的过渡。

虽然可以在商用控制器和开源控制器之间进行选择,但大多数运行中的 SDN 部署都会使用提供商赞助的项目——这不奇怪,所有的 SDN 控制器都应该满足一些共同的要求。例如,所有的控制器都应该支持 OpenFlow 协议等功能,提供商已经采用 OpenFlow 协议作为其交换机的南向应用编程接口(API)。为了支持 OpenFlow,要求交换机能够理解 OpenFlow 报头的内容。这是因为当一个数据包进入 OpenFlow 交换机时,首先会与流控制表中的现有条目进行比较。如果交换机无法找到匹配的数据包,则将数据包发送到 SDN 控制器。然后,控制器必须通过创建一个由可编程策略定义的新数据流来决定是丢弃还是转发该数据包。

23.2 网络虚拟化

控制器的另一个基本功能是支持网络虚拟化的能力,因为这是 SDN 最重要的方面之一。网络虚拟化并不是什么新鲜事,VLAN(虚拟局域网络)和 VRF(虚拟路由和转发)已经存在了很多年,但两者的范围都很有限。对于真正的网络虚拟化,需要以类似于服务器虚拟化的方式来抽象和池化网络资源。图 23-2 说明了这一点,这种能力可以在物理基础设施上设计和构建特定租户的虚拟网络,确保流量的完全隔离。

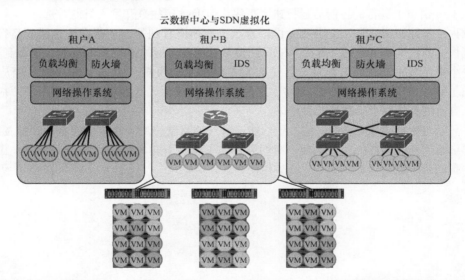

图 23-2 对于网络虚拟化,需要对网络资源进行抽象和池化,其方式与服务器虚拟化的方式类似

租户流量的隔离不仅仅是云服务提供商关心的问题,它也与企业和数据中心解决方案息息相关。安全性是所有规模的企业都会面临的问题。此外,还会面临政府监管,以及要求财务敏感信息的分离等问题。然而,网络流量应该被隔离还有其他原因。例如,流量隔离提供了在流量基础上应用不同级别的服务质量(QoS)的机会。

随后，具有在每个流的基础上隔离和应用策略的能力，允许控制器确定每个流的最佳路由。控制器可以建立从源到目的地的最佳路由。事实上，控制器甚至可以确定多条路由，并在合适的情况下对它们进行负载均衡，拥有从源到目的地的多条路由，还可以提供网络冗余，因为控制器可以即时重定向流量。这个功能可以不需要更高级的协议，如 TRILL（大量链路的透明互联）和 SPB（最短路径桥接），它们既解决了生成树协议（STP）的功能，也解决了限制。你会记得，STP 在第二层网络中需要用来检测和防止环路，但却是第二层网络可伸缩性的主要抑制因素。

因此，控制器应该能够像管理一台设备一样，通过管理网络来处理网络伸缩展性。控制器具有网络的全局视图，可以减轻环路问题，并提供传统的多层（南北）架构无法实现的高效东西向流量。然而，大规模的第二层扁平网络也有问题，其中一个问题是内容可寻址存储器（CAM）和地址解析协议（ARP）表中的 MAC 地址激增。SDN 控制器应该能够通过最小化流表条目中的流数来减轻此问题。这通常是通过在网络核心中使用报头重写等技术来实现的，这与提供商主干桥接（PBB）类似。这种技术将报头中的源 MAC 地址替换为核心入口设备的地址，因此大大减少了表中存储的条目数量。

此外，一个控制器应该有能力设置所需数量的流并维护它们。因此，SDN 控制器的两个关键性能指标是流设置时间和每秒能处理的流数量。这些都是非常重要的关键性能指标（KPI）。然而，这并不是增强控制器的处理能力那么简单，因为它们所控制的各个交换机的处理能力也起着重要作用。同样，控制器运行的操作系统也是一个问题。例如，在 C 语言上运行的控制器往往比在 Java 语言上运行的控制器运行速度更快，但 Java 往往是开发人员的首选。

可编程性是控制器的另一个主要考虑因素。正如你所看到的，一些操作系统的运行速度比其他系统快，但这只是其中的一部分。SDN 的整个目的是对网络进行编程控制，要做到这一点，必须有一个程序员熟悉的可编程接口，还必须支持控制交换机（南向）和控制上层应用程序（北向）的 API。控制器支持的 API 越多，它的灵活性就越大，在北向 API 的情况下，应用程序可以根据自己的具体要求动态地配置网络。

这些只是控制器应该支持的一些主要功能，另一个明显的功能是集中式管理和监控。然而，为了更详细地研究控制器的工作原理，我们需要先了解一下业界公认的 SDN 控制器。因此，在下章中，我们将研究 OpenDaylight 的 SDN 控制器。

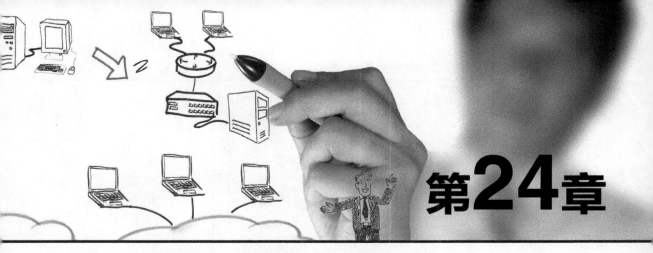

OpenDaylight项目

第24章

    OpenDaylight（ODL）项目始于 2013 年，当时 Linux 基金会（TLF）宣布资助一个由开源社区主导的 SDN 开源框架。这个项目启动过程中比较有意思的一点是，创始成员由一些重量级供应商组成，例如 IBM、Cisco、HP、Big Switch Networks、Arista Networks、Microsoft、Brocade 和 Juniper 等公司。这些巨头不仅准备将大量技术、资源投入该项目，而且还为该 SDN 开源项目提供资金和支持。当然，这引起了一些人的怀疑，因为不清楚这些提供商的目的是什么，有些人对 SDN 的方法显然有着不同的看法。当时这在开源人群（他们往往直言不讳）中引起了一些惊慌。他们认为，主要赞助商实际上可能阻碍而不是促进创新——特别是在这种情况下，存在一些明显的利益冲突。

    另一个令人担忧的问题是缺少现在的开放网络基金会（ONF）的参与，它是一个围绕开源技术组成的非营利组织。ONF 是由消费者和开发人员组成的，其试图成为 SDN 的标准机构。除此之外，一些主要的路由器/交换机制造商的战略技术和商业目标似乎与许多 ODL 合作伙伴不兼容。提供商之间也存在利益冲突，并在酝酿其他开发项目，使用不同的协议。因此，行业分析家预测，这些参与者可能不愿意全面参与该项目。

    事实证明这些疑虑是没有根据的，自 2013 年 ODL 启动以来，ODL 已经有了三个主要的版本。这些版本包括 2013 年的第一个版本（代码称为"氢"）、之后的"氦"和"锂"版本。因此，尽管最初的质疑声不断，但 ODL 得到了提供商、用户和分析师的尊重和认可。

    那么，什么是 ODL 项目，以"锂"版本为例，它如何使我们从传统的分层网络变为 SDN？

    ODL 项目的理想是通过一个通用框架进一步推动 SDN 的采用和创新，如图 24-1 所示，该框架为网络上运行的应用程序和流定义了关键 API（有关如何转发数据包的交换机的说明）。该框架使许多提供商可以一起工作，并且在理想情况下可以互换。

    通过通用框架来采用和创新 SDN 的目的是为了创建开源和可供所有人使用的代码。另一个重要目标是接受度，通过提供应商的支持和使用 ODL 作为产品。签署 ODL 项目后，提供商就致力于实现这一目标，即为用户提供面向未来发展的 ODL，事实证明，这也是一个很好的激励措施，让许多提供商也加入其中。毕竟在所有竞争对手都在的情况下，没人愿意放弃自己的位置并

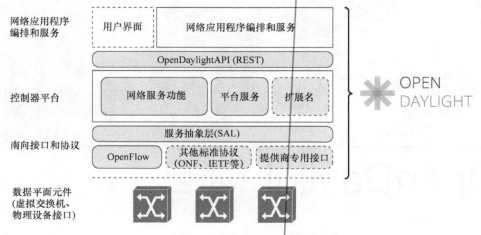

图 24-1   SDN 的 ODL 通用框架

离开。因此，让所有主要提供商都参与进来可以防止任何单个提供商或联盟影响项目发展的方向。当然，那时 SDN 市场非常分散，现在也是如此。大多数提供商在目标线的位置上达成了一致，但就如何达到目标线并没有达成共识。在这种情况下，每个提供商都有自己正在进行的项目，并且会争取与自己已经在做的项目相似的实施方案。此外，还有产品的投资潜力和社区的兴趣，当然还有它们后续的支持，没有社区的支持，任何一个开源项目都不可能蓬勃发展。然而，开源在一些企业内部的口碑并不好，不过有实力的赞助商的支持大大缓解了这一问题。值得注意的是，企业接受使用开放源码软件（甚至是关键系统的开放源码软件）的现象正在增加，并逐渐成为常态。

为了理解为什么这个由强大的竞争者组成的貌似不可能的联盟会如此大力地支持一个开源项目，我们需要看看 ODL 的宣言。毕竟，ODL 作为一个项目是为了实现以下目标：

■ 设计一个框架，可提供各种应用程序和客户体验的网络体系结构。
■ 提供用于可编程网络的方法。
■ 将网络设备的控制平面逻辑抽象为一个集中的实体。

这些难免会引起一些问题，因为交换机的主要制造商不希望它们的产品被淘汰。随后，ODL 项目设计了 ODL 控制器，以支持集中式和分布式两种模式，后者的拓扑结构可能看起来与 SDN 格格不入，但在一个网络中可能会有几个甚至更多的 SDN 控制器，这是有合理理由的。为了缓解硬件冗余和避免单点故障这些潜在的问题，控制器通常被部署在一个集群配置中。当然，这只适用于数据中心的部署，不过当考虑区域或全球网络时，分布式架构就成为一种必要了。

因此，让我们看一下 ODL 架构是如何工作的。

24.1   ODL 架构是如何工作的

正如你所看到的，ODL 控制器位于应用层和数据层（数据包转发）之间。这一点很重要，因为它提供了控制上游和下游流量的机制。

　　上游数据流是通过北向 API 传递的，它们与高层应用程序交互。南向 API 用于连接和控制各个交换机，以控制其流量（见图 24-2）。

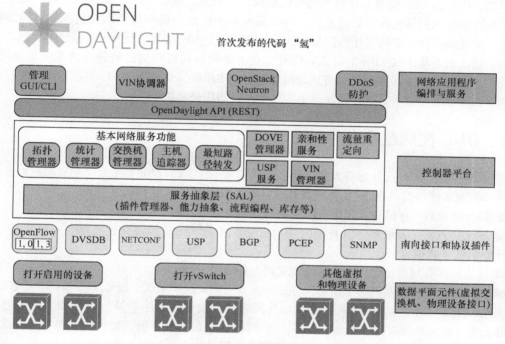

图 24-2　用于应用程序和流量的 ODL API

　　要了解 ODL 的运作方式，首先要采取黑盒方法，即只考虑 ODL 的接口。ODL 控制器作为服务抽象层，在南向和北向通信之间起中介作用。ODL 位于应用程序（北向）和下层交换机（南向）之间。ODL 使用 API 来完成交，API 可以被认为是代码的片段，它的作用就像模板一样，应用程序开发人员使用它来连接应用程序提供的广告（公开）服务。例如 REST Web 服务，除此之外还有其他几种。

　　北向 API 允许应用程序收集和分析流量数据，从而通过 ODL 控制器向网络设备发送纠正信号来调整流量。这些北向 API 携带的数据可以让应用程序根据环境进行动态调整。应用程序将通过北向 API（上行）分析并收集网络中的数据，例如，如果需要更多的带宽，应用程序可以通过双向 API 通道指示控制器通过分配负载来提供该服务。北向 API 提供的机制使程序员/应用程序能够执行动态重新路由，建立每个流量的服务质量（QoS）水平，并提供网络生存能力。

　　此外，ODL 控制器为了管理特定的流量，通过南向 API 建立策略并更新交换机的流表。南向 API 提供了控制物理或虚拟交换机的接口。ODL 中最常用的、标准化的、集成化的协议是 OpenFlow。

　　OpenFlow 是一个南向的 API，已经成为 SDN 的代名词。虽然严格来说，它是一个协议，但它是 SDN 架构的重要组成部分。也就是说，它并没有真正定义 SDN。OpenFlow 将与基础设施中的交换机进行交互，无论它们是真实的还是虚拟的，都会告诉交换机如何转发各个流量。因此，交换机有必要支持 OpenFlow 协议等南向 API。

但是，要了解 ODL 控制器如何与网络交换机进行交互，我们必须了解该控制器只是通过南向 API 将更新发送到该交换机的转发表。OpenFlow 帧中包含的更新将指示交换机如何转发特定的流量。交换机不再需要知道任何信息。因此，不需要交换机具有控制平面。控制平面与转发平面分离的做法就是集中式 SDN 的特点。但是，在主要硬件制造商提出的分布式系统的情况下，ODL 仍然会通过南向 API 发送控制消息，但是它们会使用提供商专有的 API 通道，而交换机自己的控制平面可以管理请求，这样就保证了重要信息仍然在交换机上。

24.2　ODL 控制器平台

了解了什么是 ODL 及其运行方式之后，让我们看一下 ODL 控制器平台。毕竟控制器是控制北向接口和南向接口的"大脑"，但控制器的功能远不止这些，如下所示：

■ 拓扑管理器：存储和管理所有网络设备的信息。

■ 统计管理器：收集和分析每个网段的数据。北向 API 还提供交换机端口、流量计、表、组统计的信息（数据）。

■ 转发规则管理器：管理基本的转发规则，如通过 OpenFlow。

■ 主机追踪器：存储网络上所有实体的信息，它们的操作系统、设备类型和版本等信息。

因此，控制器跨越了应用程序、开发以及网络（最重要的）的边界。尽管 ODL 在高层应用程序和低层交换机之间提供了抽象层，并且由于其通过 Linux 基金会开源项目获得了多提供商支持而取得了成功，但它却模糊了 DevOps 的界限。尽管最初有所怀疑，但已经成功实现了多厂商合作和相互支持，这绝非易事。不过，还有其他问题有待解决，例如在组织内部，网络、应用程序、开发和运营中的职责划分点在哪里？

现在很难说这一切究竟会如何发展，但可以肯定的是，由于这是社区驱动的努力成果，结果是积极的，并且（同样重要的是）会随着时间的推移持续改善。

第25章

争夺网络控制权

软件定义网络（SDN）的出现改变了网络格局，因此，在控制网络方面发生了两大斗争。首先是市场上的外部"斗争"——哪个公司或哪些公司将成为数十亿美元的网络市场的主导者？它会是像思科这样的传统网络公司吗？还是像 VMware 这样的来自服务器虚拟化领域的公司？还是会出现一些新公司并成为下一个大公司？前面讨论控制器的章节都是关于外部斗争的。

有趣的是，公司内部也存在内部斗争，因为各派试图解析谁控制了公司网络上的内容。这不仅是可能希望扩大控制权（和预算）的部门之间的"地盘战"，而且也是公司的合理担忧。通过使整个网络可编程——从启动服务器（虚拟化）、配置资源［网络功能虚拟化（NFV）］，以及编程路径和流量（SDN），公司已经失去了在任何时候了解和控制网络上的人和事物的能力。

这是一个悖论的问题。尽管看起来很奇怪，但拥有自主系统有一个巨大的好处，它需要几个星期的跨部门协作来提供应用程序和服务器，设置安全规则，以及对交换机和路由器进行编程。也就是说，有一个很长的准备时间，在此期间，当局的人可以制止那些被认为对公司来说风险太大的活动，这是所有这些技术的大问题：虽然所有这些自主性、速度和灵活性对用户来说可能很好，但对拥有这些东西的公司来说，可能就不是那么好了。

25.1　内部控制分离

事实是，任何规模的网络都需要受到控制。企业有责任确保职责分离（SoD），正是因为这个原因，大公司具有变更控制和最佳实践的能力，以防止无意中的配置变更。问题在于，在虚拟化和 SDN 的帮助下，曾经建立的边界变得模糊了，而以前的服务器现在变成了路由器、交换机或防火墙，而随着这些技术边界的模糊化，责任、权限和职责范围也将变得模糊不清。

为了建立和维护职责分离，拥有大型网络的组织通常采用筒仓结构，其职能/部门如下：

■ 应用开发

■ IT 和服务器操作支持

■ 网络

■ 安全

这些部门的业务单元自主运作，但必须进行交互以为业务提供服务。该模型在快速的技术开发时代之前就已经很好地工作了，重要的是，软件开发生命周期（SDLC）中的变更能以比技术推出的速度更快的速度进行管理，这使得变更控制可以管理，并且不麻烦。

通常情况下，使用 SDLC 瀑布方法的项目团队（承担主要的应用程序开发项目工作）会花上几个月的时间来定义规约和需求，这种方法提供了一个详细的蓝图或 SRS（软件需求规约），项目团队会遵守（而且它是权威）。然而，随着技术环境的变化，由于市场的快速变化，预先定义需求和规约不再可行，应用程序开发转向了更敏捷的方法。

敏捷方法论要求你从小规模开始，把时间投入到软件的开发中，而不是投入到文档和预设计中，这意味着项目可以很容易地适应，总是有一些挣值，并且可以随着市场的发展而改变。这对于网络应用程序开发人员来说是一个很好的策略变化，他们可以随意改变他们的需求和规约，但这确实增加了应用程序开发部门与 IT 运营和支持部门之间的紧张关系。毕竟，它们必须部署应用程序。不过，即使采用这种更快的部署方法，部署一个新的应用仍然需要相当长的时间，而且需要各部门之间的批准和协调。

当然，这不是一个新现象。长期以来，应用程序开发和运营之间一直存在摩擦，已经有计划将它们合并到 DevOps 下。这样的合并仅在更高的管理级别上汇集了开发和运维。毕竟，很少有 MS 管理员想要尝试 Java 编程，反之亦然。随后，DevOps 计划成功地合并了两个部门。

当 SDN 发挥作用时，它还有助于促进开发和运营的合并。例如，它进一步减少了在虚拟环境中启动应用程序的时间。部署滞后（订购、实际架设服务器所需的时间）大大减少了，操作负担也减少了。现在，所有的运营工作需要做的就是在需要的时候为应用程序启动虚拟机。De-vOps 和虚拟化是一个成功的组合，只是它们不是游戏中唯一的参与者。

网络部门的职责是构建、监控和维护物理或无线通信网络，它们使用网络管理软件（NMS）来完成这一任务，该软件通过查询代理的接口状态来询问交换机、路由器和其他网络实体。通过使用简单网络管理协议（SNMP），NMS 可以建立网络链路状态图，并在必要时将警报转发给网络控制中心的网络控制中心代理（NOC）。NOC 的职责是全天候监控和管理网络。

然而，问题就在这里，在早期的版本中，虚拟交换机和 hypervisor 是由提供商提供的，没有办法与 NMS 进行通信，这些只是哑虚拟交换机，意味着 NOC 不了解这些应用（VM）。它们只能监控和支持直到最后一个物理交换机端口。

为了监视和控制网络，NOC 需要对整个网络的实时可见性。事实上，它们不仅需要链路状态，还需要操作状态和指标，如带宽拥塞水平。简而言之，NOC 需要对以下内容进行可视性和控制：

■ 每一个可以路由流量的端点。
■ 传输层和控制层（以太网、IP、第四层等）。
■ 运行在这些层中的每个服务，以及每个服务的服务质量（QoS）指标。

但是，借助 SDN，控制器可以动态地确定流量，因此 NMS 很难跟踪来自数据平面的单个流量。显然，这远远不理想，但提供商提供了虚拟交换机来解决这些问题，然后虚拟交换机可以支持物理交换机中存在的许多功能。

这些智能 vSwitch 与 hypervisor 协同工作，并洞察物理和虚拟交换机接口之间的灰色区域。这些新的 vSwitch 在解决产品的许多管理问题方面大有帮助，例如：

■ 适用于 VMware vSphere 的 Cisco Nexus 1000V 交换机：此软件虚拟交换机与 VMware vSphere hypervisor 配合使用，将网络边缘从物理交换机扩展到 hypervisor。其提供了用于将虚拟网络集成到物理基础设施中的功能和管理工具。

■ vSphere：此控制器提供了与 Cisco Nexus 和 VMware vSphere hypervisor 一起使用的控制器，并且是与思科公司共同开发的。

■ Citrix Netscaler：它再次与 Cisco Nexus 系列配合使用，并充当网络中许多分布式 vSwitch 的中央控制器。

25.2　你能看到它，但是谁控制它

这些产品有助于解决可视性问题，但并不能解决所有问题，还有一个更深层次的摩擦原因，那就是每个部门团队所持有的观念。比如，应用程序开发部门希望自己的软件能够快速高效地运行，而网络部门则希望自己的网络能够快速高效地运行，但同时也希望 NOC 能够对网络状态进行监控和控制。这里的问题源于 DevOps 采取了务实的方式进行应用部署。

考虑一个传统的应用程序，其中包括以下内容：

■ Web 服务器

■ 应用服务器

■ 数据库服务器

网络传统上会在三层中构建，这是一个合理和安全的架构，它们之间有安全元素。然而，这种设计确实带来了延迟。随着虚拟化的出现，DevOps 可以而且经常将这些功能映射到同一台物理服务器上。更重要的是，它们安装了这些功能，使其可以通过虚拟交换机与一个东西向的通信路径一起工作。其结果是，所有的通信都通过主机服务器的内存运行，而不是必须通过线缆，这意味着 NOC 有一个盲点。

此外，虽然性能得到了提升，但却付出了安全性和网络管理的代价。对于 DevOps 来说，这种新发现的灵活性是很好的，但对于网络来说，它是看不见的；对于安全性来说，它更是一个糟糕的情况。

这里的启示是，有一些意想不到的后果。虽然有更高的速度和敏捷性，大大加快了应用程序的部署，但这种新能力规避了许多制衡措施。以前，将一个新的应用（在专用服务器上）引入数据中心需要数周时间和严格的变更控制。而现在，运行一个应用的虚拟机可以在几分钟内启动。因此，未经审计的虚拟机和未管理的网络流量激增。使情况变得更糟的是，这些虚拟机中有许多是"僵尸"，即未记录、未监控、未管理的应用虚拟机。

显然，这是一个不可以接受的情况，所以必须对网络进行管理以及更多的控制，尤其是在安全性方面。然而，安全性不能并入 DevOps，原因很明显：IT 永远不应该控制安全性，因为这是一个重大的利益冲突。然而，安全性不能只让 DevOps 将应用部署在任何它们喜欢的地方，而不管性能的改进问题。再次，解决方案是需要对整个网络进行更多的实时可视化，这已经超出了传

统 NMS 的范围。

　　最近，随着虚拟化特别是虚拟交换机的进步，许多问题都得到了解决，因为 NMS 可以再次看到管理程序内的虚拟灰色区域，并跟踪和监控安装在物理主机服务器上的虚拟机。此外，通过将 SDN 和 NFV 概念进行结合，最终重新获得了对网络的控制，并通过虚拟仪器提供对动态服务交付流量的实时跟踪。这种技术和一套 NFV 工具为控制器提供了挖掘每个网络设备的数据平面上的信息的方法，它们有效地将性能监测数据反馈给 SDN 控制器。这使得 SDN 对数据平面有了一个无处不在的实时视野，可以有效地进行自我监控。

　　虚拟化和 SDN 的早期实施充满了关于网络控制和管理的问题，这些问题从公司政治、行政到技术等方面都有。公司政治/行政问题通过部门重组和合并以及政策的执行得到了解决。技术问题也得到了解决，这些问题将在后面的章节中深入讨论，例如升级和解决传统的面向连接的 NMS 的问题。因此，在目前的部署中，控制网络的问题已经不再是以前的问题，但 DevOps、网络团队和安全团队之间可能会一直存在紧张关系，但这其实是一件好事。

网络控制之争

回到过去

各组之间的分界线相当清晰。IT、网络和安全团队都有明确的角色，用户依赖所有这些团队

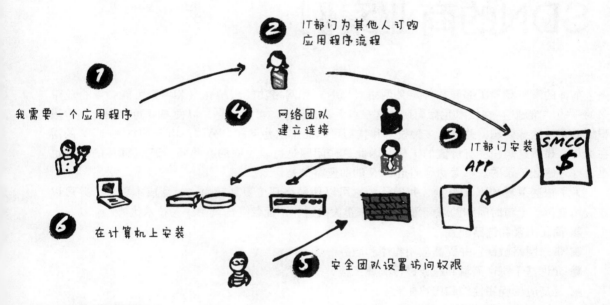

1 我需要一个应用程序

2 IT部门为其他人订购应用程序流程

4 网络团队建立连接

3 IT部门安装APP

SMCO $

5 安全团队设置访问权限

6 在计算机上安装

SDN和现在

如今，用户自己能做的事情太多，各功能组之间的界限已经模糊。这对用户来说是很好的，但核心团队往往会感到困惑。

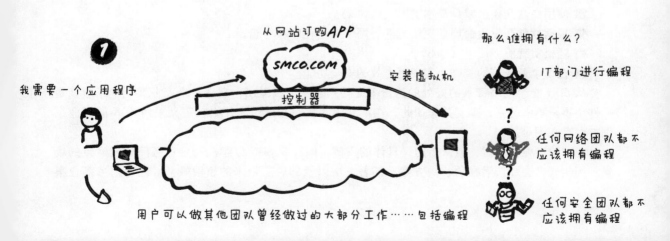

1 我需要一个应用程序

从网站订购APP
SMCO.COM
控制器

安装虚拟机

那么谁拥有什么？

IT部门进行编程

? 任何网络团队都不应该拥有编程

? 任何安全团队都不应该拥有编程

用户可以做其他团队曾经做过的大部分工作……包括编程

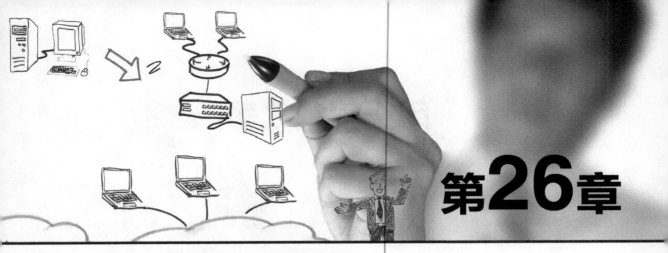

SDN的商业案例

前面的章节涵盖了部署软件定义网络（SDN）和网络功能虚拟化（NFV）可能会给企业带来的一些"难题"。在技术生命周期的这一点上，有足够的可用信息，以便 CIO 可以在计划阶段识别并定义这些问题，并且有多种技术和技巧可以缓解这些问题。另外，由于 SDN 和 NFV 的潜在优势，显然这是一项有价值的工作，因此这些问题是可以克服的。此外，识别 SDN 的好处也是很好理解和记录的。不太明确的是 SDN 的商业案例是什么。

为了快速重现 SDN 的好处，我们认为它可以使网络环境更加精简，运营成本更低，并可以在应用交付、上市时间和网络配置方面带来重大改进，下面仅列出其中一些技术优势：

- 简化配置和链路配置。
- 带来网络敏捷性并提高应用程序和服务部署速度。
- 允许基于每个流量和服务进行流量工程。
- 提高应用程序性能和用户体验。
- 支持虚拟资源的动态迁移、复制和分配。
- 建立没有复杂 VLAN 和受限 VLAN 的虚拟桥接以太网。
- 使应用程序能够从网络动态地请求服务。
- 为应用程序交付和资源调配进行集中编排。
- 使用白盒交换机减少资本支出（CapEx）。
- 根据软件开发生命周期更快地部署网络应用程序和功能。
- 轻松实现服务质量（QoS）。
- 在每个业务流的基础上实现更有效的安全功能。

从 SDN 能给网络带来的好处的这份不完整列表中可以看出，建立一个商业案例本来应该是一件小事。不幸的是，事实并非如此，在本章中，我们将讨论为什么在定义采用 SDN 的商业案例方面存在困难。

在讨论商业案例时，通常指的是具体的用例，即部署 SDN 以解决特定业务问题或痛点的场景。用例通常会强调潜在的解决方案、部署方法以及部署所带来的软性效益。还有财务商业案例，这涉及具体的衍生财务效益，以及它们将如何影响业务资本和运营预算。

财务商业案例将由项目经理或 CIO 在计划阶段进行预部署，方法是将 SDN 的部署与当前的运行状况进行比较，并使用多年财务分析和计划进行财务比较。计算 SDN 的理论经济利益时，首先考虑 CapEx，例如冗余的网络硬件的成本等，其次要考虑节省 OpEx，比如减少网络管理、应用程序供应方面的人工成本的支出。下一阶段再从拟实施 SDN 的成本中减去总额，包括运营和管理成本。然后，项目经理可以使用这些结果与目前的运营条件或其他建议的解决方案进行比较。

但问题之一是，财务商业案例不太可能为 SDN 正名，因为硬性的财务效益肯定是存在的，但 SDN 的大部分价值来自于软性效益，比如敏捷性和客户体验的改善，而这些是众所周知难以量化的。

此外，财务商业案例因行业和用例而异。例如，在电信行业中，网络设备负担占 CapEx 的比例不到 20%，在网络设备上的节约不会产生太大的影响。相反，SDN 在软件定义的数据中心中的节省可能会产生重大的财务影响，在软件定义的数据中心中，网络硬件在 CapEx 中占很大一部分。但是，没有特定的用例就很难定义。这是因为 SDN 不像其他网络架构，如多协议标签交换（MPLS）（举个例子），在 3 ~ 5 年的时间里，你可以根据业务需求进行扩展或缩小。相反，SDN 非常灵活，可以使用不同的技术和架构来解决众多领域的问题。因此，SDN 在各种文章中更多地是以 SDx 的形式被提及，因为它可以适用于服务定义的广域网，或服务定义的虚拟用户处所设备（vCPE），或许多其他变体。因此，定义业务案例需要与部署的目的相匹配，必须与具体的用例相匹配。只有这样，我们才能确定经济效益的关键领域。

26.1 SDN 应用案例示例

到目前为止，本书一直关注 SDN 的两个最常见的示例：数据中心网络和迁移虚拟机的以太网桥接。然而，这项技术还有许多其他应用，包括下面内容中讨论的应用。

1. 数据中心优化

这就是前面章节中讨论的使用 SDN 和 NFV 的模式，通过为虚拟机迁移性提供方法，检测并考虑流量和单个服务，利用以太网扩展和覆盖来优化网络，以提高应用性能。SDN 允许用网络配置和每个应用的动态调整来协调工作负载。

2. 网络访问控制

这种类型的用例经常部署在校园网和运行"自带设备"（BYOD）的企业中，因为它可以用来为访问网络的用户或设备设置适当的权限。网络访问控制（NAC）还可以管理访问控制限制、服务链，并控制 QoS。

3. 网络虚拟化

这是一种云和服务提供商［软件即服务（SaaS）模式］，可在物理网络之上创建抽象的虚拟网络。当目标是支持大量的多租户网络在物理网络上运行时，这种模式是合适的。网络虚拟化能够跨越多个机架甚至不同位置的数据中心。

4. 虚拟用户网络边缘设备

这是电信公司、互联网服务提供商（ISP）和顶级服务交付提供商的首选模式，因为它将用户网络边缘设备虚拟化。这种模式将在后面详细介绍，但现在只要知道 vCPE 要么在客户驻地（大客户）使用虚拟化平台，要么在提供商核心网络中使用虚拟化的多租户服务器就够了。

5. 动态互联

这是一个软件定义的广域网（SDW），它在各个地点之间建立动态链接，通常是数据中心（DC）和其他企业地点之间。它还负责对这些链路动态地应用适当的 QoS 和带宽分配。

6. 虚拟核心和聚合

这是另一种服务提供商和电信运营商的模式，用于虚拟化核心系统和支持基础设施，如虚拟信息管理系统（vIMS）、演进分组核心（vEPC），以及动态移动回传、虚拟前置设备（vPE）和 NFV 千兆局域网基础设施。

SDN 的好处并不限于实际的网络。SDN 为解决业务问题提供了一整套可能性，从产品开发到销售和营销，更重要的是客户的满意度。因此，这是商业案例的必须落脚的重点地方，不仅仅是网络，而是应用和受益者。

这也是早期采用者看到 SDN 潜力的地方（不在于减少设备支出以改善 CapEx，而是通过自动化的客户配置及支持减少 OpEx）。有一个行业很早就看到了部署 SDN 的潜力，并迅速采用了该技术，那就是电信和服务提供商，它们结束了"Truck Rolls（上门服务）"的模式，大大降低了人工配置和支持 CPE 的运营支出。

这些都是非常昂贵的运营负担，可以相对简单地进行虚拟化，并可以理想地映射到 SDN 的概念。此外，解决方案、投资和部署都相对简单，投资回报率（ROI）几乎可以立即实现，并且回报可能是巨大的。

通过将示例应用于特定的业务痛点，如在软件定义的 vCPE 和 SDW 的情况下，有明显的业务案例强调 SDN 是首选技术。然后，可以有信心地量化财务效益，并强调软性效益作为附加值，以说服最有疑虑的 CFO。

26. 2　小结

下章将深入探讨 SDN 在电信和服务提供商网络中的部署。本章探讨了公司如何通过改进服务交付、更大的服务组合和更快的问题解决方案来节省大量运营成本，同时增加客户体验。应用正确的商业案例，通过使用映射到其特定需求的用例模型将 SDN 确定为技术方案，从而实现财务效益和软性效益。

SDN商业案例(针对服务提供商)

虽然很容易看到SDN的好处，但商业案例并不总是那么明显。不过对于服务提供商来说，有一个明确的商业案例

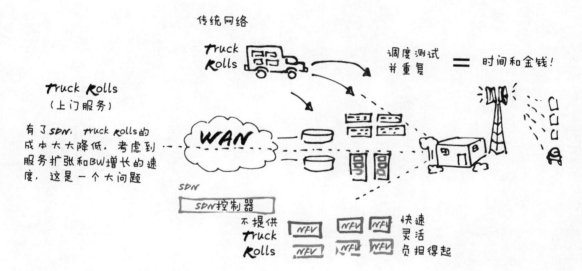

Truck Rolls
（上门服务）

有了SDN，Truck Rolls的成本大大降低。考虑到服务扩张和BW增长的速度，这是一个大问题

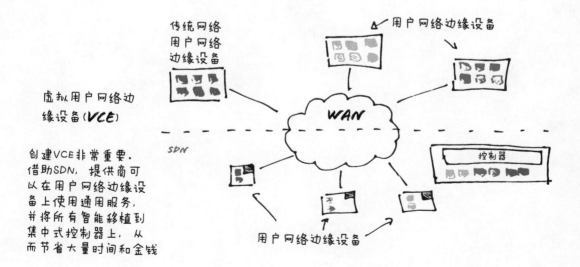

虚拟用户网络边缘设备(VCE)

创建VCE非常重要。借助SDN，提供商可以在用户网络边缘设备上使用通用服务，并将所有智能移植到集中式控制器上，从而节省大量时间和金钱

第7部分

虚拟网络：将一切联系在一起

第27章

再见 "Truck Rolls"

服务器虚拟化和建立大规模数据中心和云的一个结果是,公司如何部署新的服务器和在需要更换现有服务器时如何升级。云数据中心和网络的构建被称为 "Truck Rolls"（上门服务,因为构建一个新的数据中心意味着将有一堆运货卡车向你驶来）,云数据中心和网络的构建在某些方面发生了深刻的变化——无论是规模还是设计理念。这些变化也推动了关于维修或更换服务器和网络设备的新想法。本章将对这两方面进行阐述。

软件定义网络（SDN）和网络功能虚拟化（NFV）也会发生变化,因为云部署周期的工作方式使网络升级和专门用于网络设备的任务有所不同。

27.1 数据中心规模

关于现代数据中心的 "Truck Rolls" 和维护,首先要了解的是其建设的庞大规模。在 20 世纪 90 年代初,一个大型数据中心可能包括一栋楼的几个楼层,或者对于一个真正的大公司来说,可能是一两栋楼。这里使用的大楼一词指的是一栋普通的,甚至可能是大型的办公楼。这在当时对很多公司来说都会被认为是一个大型的数据中心,如图 27-1 所示,它们装满了设备。

今天的数据中心规模庞大,最大的数据中心超过 20 万 m^2。为了让你更好地了解其规模,这大约相当于 26 个足球场,并摆满了一排一排装满高密度服务器的机架,它的规模让人难以置信。再加上所有的路由器、交换机、连接器、电缆、指示灯,以及其他无数需要将数据中心联网的物品,你就会明白现代数据中心是多么庞大的工程。事实上,仅仅是将服务器固定在机架上所需的螺钉数量（在宏伟的计划中,这只是一个微不足道的项目）就可以填满整辆牵引车。想一想这个问题,二十年前,建立一个数据中心所需的一切,包括网络,可能都会装在一辆牵引车里,整个数据中心装在一辆大型货车上就够了。现在,同样的牵引车上装满了用于将服务器固定在机架上的螺钉,而在这辆车后面还有一队货车,用来装其他东西。

为了管理这种新规模,云提供商采用了公司在管理业务规模、范围或业务速度变化经常采取的做法——创新。数据中心设计和构建方面最酷的创新之一来自 Google 公司。如图 27-2 所示,

图 27-1　数据中心通常从地板到天花板都挤满了服务器（图片来源：Mark Oleksiy）

Google 公司开发了（并申请了专利）一种设计方案，该设计方案可将一千多台服务器和几个高速、高密度的交换机装入运输集装箱（货船上使用的大钢箱）中。

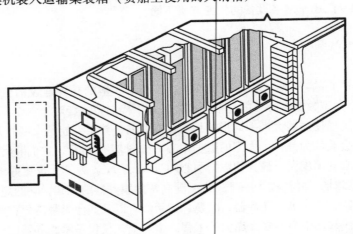

图 27-2　在非常大的数据中心中，服务器是以舱的形式出现的，可以进行大规模的连接和组合

如图 27-3 所示，这种设计思路很快被 Sun、HP 等公司采用，目前已成为一种常见的部署方式。这些运输集装箱的设计方式是，在考虑到电源、冷却和连接性的情况下，将尽可能多的计算能力和交换能力塞进模块化单元。

其结果相当于乐高积木，里面装满了可以插入数据中心的服务器。效率的提升是不可思议

图 27-3　服务器舱运输容器的设计方式是将尽可能多的计算能力和
交换能力塞进模块化单元（图片来源：chesky）

的。首先，塞进容器中的计算能力的数量很容易让这些容器拥有其他空间（比如面积相当的服务器机房）中最大的 CPU 密度。其次，这使得 "Truck Rolls" 变得更加容易，因为每一个运输集装箱都可以在异地进行配置和测试，一旦准备好了，只需将其插入数据中心即可。现在，数据中心的 IT 人员将数千台服务器和交换机 "插" 进数据中心，就像过去将服务器刀片或交换机插进机架一样。这种可扩展的 "Truck Rolls" 式的创新使 Google 公司（以及其他大型数据中心的所有者）有能力以数月而不是数年的时间来推出大规模的数据中心。

为什么这么重要？好吧，除了显而易见的理由，那就是越早越好，立即部署数据中心块的能力还可以帮助它们跟上爆炸性的需求，同时避免近乎立即被淘汰。你可以想象一下，订购了几十万台服务器，然后花了两到三年的时间将它们全部联网，却发现在你的数据中心上线的那一天，服务器和网络的性能已经落后了一两代，这是多么恐怖的事情。

27.2　新的维护理念

当数据中心的每台服务器都为一组用户提供特定的应用程序时，维护每台服务器就是 IT 团队日常职责的重要方面之一。实际上，IT 团队的年度评估通常在某种程度上是基于其所服务的各个部门的用户满意度。

为了使服务器以最佳性能运行，需要定期进行维护和升级。这通常需要定期的停机时间，称为维护窗口，在此期间可以更新服务器固件或操作系统软件。在某些情况下，这也意味着硬件更换或服务器更换。维护窗口通常安排在非高峰期或是在一个月或一年中的传统淡季。如果有备用数据中心，则在确保这些服务器完全运行后，流量将被传送到备用数据中心。

　　所有这些精心的安排，都是为了保证业务受到的影响尽可能小，避免出现某个部门无法访问服务器的情况。然而，现实情况是，即使在当时，各个部门也根本不关心服务器的问题。它们真正想要的是访问其应用程序和数据，而这些应用程序和数据恰好是驻留在特定的服务器（或数据的存储单元）上而已。

　　当然，今天并没有太大不同，因为各个部门或用户只真正关心的是访问其应用程序和数据。不过，非常不同（而且更好）的是，由于虚拟化和云网络的缘故，服务器的重要性都已被消除。人们能够将应用程序从数据中心中的任何服务器冻结、迁移和解冻到任何其他服务器上，即使是正在使用该应用程序时，这就意味着维护窗口已成为过去。

　　只要数据中心有多余的容量（这是云的标准之一，因为它们需要弹性），而且网络足够快和灵活，IT 人员就可以完全避免维护窗口。当然，也有一些例外，但在大多数情况下，任何应用程序、操作系统或服务器都可以在不中断服务的情况下进行升级（这得益于虚拟化的特性）。

　　这对使用应用程序的用户来说是个好消息，但对 IT 人员来说，仍然有大量的工作要做，因为他们仍然要处理硬件和软件问题，现在要处理的服务器简直有几十万台。软件问题不是什么大问题，因为大多数问题都可以通过远程管理工具来处理，不过硬件问题就不同了。

　　假设你是一名数据中心经理，你收到一个提示，表明一台服务器出现了问题，而你的远程软件管理工具无法修复。我们还假设该服务器位于一个集装箱或舱内，在该舱内的一千多台服务器中，只有它不能工作。现在考虑以下情况，如果舱在服务器规定的高温范围内运行，但在"人体可承受温度"范围之外的高温下运行，则必须将其冷却。需要派去一个人，必须亲自处理服务器并在那里进行测试（随身携带工具和诊断机），或者把服务器拉出来在某个地方的长凳上测试。这可能是一个快速的解决方案，但也许不是。

　　如果问题不容易解决，那么有越来越多的学派认为应该忽略它。乍一看，这似乎有点不符合直觉，但想想这些服务器和网络设备紧密地封装在一个舱中，环境受到严格控制，通常不会受到笨手笨脚、容易出错的人的影响，从而导致时间、精力以及对其他服务器和网络设备的间接损害。

　　如果我们从服务器维修的成本和精力相对于现代数据中心的规模来看，这其实更有意义。把数据中心中的单个服务器可以看成是计算机上硬盘驱动器的扇区，你们中的许多人可能都了解计算机上的硬盘驱动器是由许多小扇区组成的。硬盘是这样创建的，因为信息在到达计算机时就被存储起来了，虽然可能会有一些为应用程序预留的分区，但一般来说，新的信息在到达时就会被存储。

　　有时，硬盘驱动器上的某些扇区会损坏，无法使用。只要损坏扇区的数量不多，你的计算机甚至都不会通过用户警报通知你。相反，它只会将该扇区"除名"，以便操作系统不会尝试在该损坏的扇区上存储数据。

　　在现代大规模的数据中心中，任何一台服务器的重要性都已经被削弱，它可能不值得投入精力或冒着风险去"捣乱"（维修）。只要这些错误的数量很少，而且从一个机架到另一个机架或从一个容器到另一个容器，错误都是零散的，那么数据中心的工作人员最好不要去管它们。如果问题在一个容器内蔓延，就可以更换整个容器，并将旧的容器送到维修仓库。

27.3　小结

本章的重点是 "Truck Rolls" 和维护，但更重要的是让你了解现代数据中心的庞大规模，以及这种规模转变所带来的一些必要变化。

实际上，最大的收获是，单个服务器与整个数据中心的相关性已经大大降低，因为我们现在认为数据中心是在一个舱或扇区内运行的成千上万台服务器。这种规模化的转变推动了大量的创新，无论是在技术本身还是在我们如何部署和管理技术方面。

调换

云和云网络如何扩大 "*Truck Rolls*" 和部件的规模

1 不久之前，IT人员会打开机箱并更换零件。
如果几个扇区出现故障，他们不会打开硬
盘，而是会换掉硬盘或升级/更换内存板

2 一旦需要开始处理服务器和交换机的机架，更换内
部组件就没有意义了。在这种规模下，我们实际上
开始考虑将服务器或交换机视为可以更换或升级的
组件

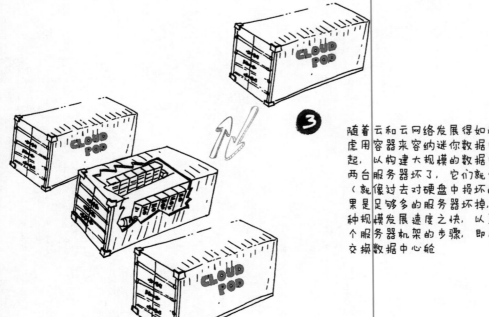

3 随着云和云网络发展得如此之快，我们已经开始考
虑用容器来容纳迷你数据中心。然后将它们插在一
起，以构建大规模的数据中心。如果一个舱中的一
两台服务器坏了，它们就会从系统逻辑中被删除
（就像过去对硬盘中损坏的扇区所做的那样）。如
果是足够多的服务器坏掉，整个舱就会被换掉。这
种规模发展速度之快，以至于使我们跳过了交换单
个服务器机架的步骤，即从交换单个服务器变成了
交换数据中心舱

第28章
如果这些技术不适合怎么办

　　在本书中，你现在已经看到了一个又一个关于虚拟化、软件定义网络（SDN）和网络功能虚拟化（NFV）如何改变企业和生活的案例，到目前为止都是"彩虹"和"独角兽"。问题是，虽然这些技术对大多数企业来说确实有效，但并不是所有企业都很适合（至少目前是这样）。当一项新技术出现时，尤其是一项行之有效的技术出现时，就会出现这样的问题，有很多的炒作。因此，一些公司实际上在不应该加入的情况下就跳了进去，结果通常不是很好。本章重点讨论为什么这些技术并不适合每个人，至少现在不适合。

　　但首先，让我们看看它非常适合在哪里。SDx（软件定义技术的统称）非常适合的一个例子是在电信行业，它们正在寻求解决高资本和运营费用的问题，特别是对于用户网络边缘设备。事实上，用于支持客户本地设备的成本严重影响了服务的提供和维护，因为经常需要"Truck Rolls"来满足客户需求。通信运营商发现的解决方案是 NFV。如前所述，NFV 是一种高度兼容的技术，在提供通信运营商所设想的那种可编程的动态网络方面与 SDN 配合得很好。它们采用并大力推进的案例是利用 NFV 来创建虚拟用户处所设备（vCPE）。这个概念很简单，用住宅使用的 COTS（商用现货）交换机和商业上与企业使用的 COTS 服务器或交换机来代替昂贵的品牌物理 CPE。

　　最初的资本节约是显而易见的，因为 COTS 设备的价格要便宜得多。然而，运营商发现，由于"Truck Rolls"数量减少，它们的供应和支持成本急剧下降，因此也节省了运营成本。这是因为有了 NFV，客户所需的基本功能只保留在 vCPE 上，所有其他功能都被拉回到运营商的网络。由于所有设备都位于它们自己的网络中，因此客户通过代理不需要任何劳力就可以访问和配置 vCPE，这使支持变得更加容易。此外，服务交付和供应时间也得到了极大的改善，新服务可以作为托管服务或软件包进行开发和交付，而无须花费数天或数月。另外，由于使用 NFV 和 SDN 的 vCPE 模型提供了数据挖掘和个性化服务的机会，而传统 CPE 则无法实现，因此运营商还获得了营销和销售方面的收益。

28.1　SDN 不适合的领域

虽然 vCPE 用例对通信服务提供商来说是一个巨大的成功，而且经常被指出"已证明是有效的"，但它是一个高度专业化的例子——企业数据中心对此几乎没有兴趣，因为数据中心用例可能更适合于传统的 SDN 模型，将传统的分层网络扁平化，并将控制智能平面与转发数据平面分离。数据中心管理器的优势在于，它简化了网络，并提供了服务器网络多年来享有的灵活性和敏捷性。此外，可以一次只将数据中心网络转换一部分，从一两行开始，然后在看到结果时逐步升级。当然，这也是一个非常专业的用例，因为 SDN 为基础结构设计带来了更大的简化能力，使其在水平和垂直方向上都具有很好的可伸缩性，并增加了服务弹性的概念。它还通过可编程的流量工程和业务流程，引入了更好的流量管理和服务供应质量。虽然这些对于 Google 和 Amazon 公司的数据中心来说是非常有价值的工具，但并不是所有企业都需要这样的可伸缩性。事实上，大多数企业都不需要。

这里的重点是，SDN 的许多用例都非常专业，并不适合每个组织。没有万能的设计，成功与否取决于 SDN 用例与你的网络是否匹配，以确保 SDN 或 NFV 是最适合网络的核心。事实上，在许多情况下，部署 SDN 可能是完全错误的决定，因为它可能不适合网络。电信服务提供商在 vCPE 和 WAN 链路中解决了它们的具体问题，这些都是需要一个解决方案的重大问题，以前从来没有人解决过。同样，Google 公司等大规模的云服务和存储网络提供商也必须致力于创新，勇于冒险。Google 公司是 SDN 的早期采用者，因为它们存在一个巨大的可伸缩性问题需要解决，而当时还没有发展方向。

不可否认，这些都是很酷的故事，但它们并不能反映典型的企业数据中心问题。在大多数情况下，管理者很少会游离于厂商支持的战略路线图之外，而且在大多数情况下，这样做是非常不可取的。因此，对于大多数企业来说，除非有真正确定的、可量化的需求，否则应该没有必要采取激进的行动，比如重新设计整个基础设施。

28.2　何时应采用 SDN

那么，你怎么知道你的网络是否应该迁移到 SDN，还是不符合 SDN 模式呢？

不需要 SDN 的情况是最容易识别和解决的。在这种情况下，你只需要确定你的企业网络或数据中心流量是可预测的，应用响应时间达到或超过预期。这也是网络很容易管理的情况，因为它是稳定的，很少有新的升级，很少部署新的应用程序。此外，这可能表明应用程序本身依赖于网络层次结构，如客户端/服务器模式。在这种情况下，主要是北/南流量是正常的，或者至少不会阻碍应用程序的性能。另外，WAN 链接将通过服务提供商作为托管服务提供给远程站点，并且将满足容量要求，使用 WAN 优化软件（例如 Citrix）来最小化遍历 WAN 链接的流量。

在这种情况下，不需要进行 SDN 改造。事实上，这样做只会带来焦虑，并且付出巨大的努力和成本，几乎没有任何好处。

相比之下，当业务网络是 SDN 部署的主要案例时，业务案例也可以同样清晰。如果企业支持快速发展的网络和迁移应用程序，同时这些应用程序会产生大量需要实时响应的无法估量的流量，则传统的网络层级结构可能不再能够满足这些性能要求。同样，如果这些应用程序需要迁移性和扩展性，比如新的实例可能需要虚拟机根据应用程序的使用情况唤醒或者睡眠功能、移动到更大容量或者更小容量的服务器上，那么 SDN 很可能会适合你。此外，如果流量模式是不可预测的，并且你不断地与带宽的过度供应和网络最佳路径拥塞做斗争，那么 SDN 将是一个非常有吸引力的提议。

28.3　困在中间

然而，真正的问题是当你处于两者之间时（例如，如果你拥有一个传统的稳定网络，它对你所有的传统应用都表现得很好，但你刚刚推出了一些 Web 和移动应用程序，你正在努力满足它们对资源的需求）。在这种情况下，理论上你可以只在容纳新应用程序的机架中部署 SDN，而将网络的其他部分保持在其传统架构中。这样你就不会影响现有的应用程序，而是只为新的和将来的应用程序引入了一项新技术。这是大多数数据中心经理处理架构中混合应用问题的方式。这种方法的好处之一是，它是一种很好的、可控的方式，可以在没有太大风险的情况下将 SDN 引入到网络中。缺点是，现场很少有同时具备传统和 SDN 两种技能的人。这意味着团队要管理两个完全不同的网络。另一个问题是在哪里停止的问题。这些问题最终可能是非常复杂的问题，无论是技术上还是管理上。

当然，有一些方法可以解决缺乏 SDN 技术来部署 SDN 的问题。其中一个比较好的方法是通过预配置的设备，这些设备在一个机架式的盒子里包含了你所需要的所有组件。这种技术被称为超融合，提供商已经开始将这些设备推向市场。对于中级企业来说，这无疑是一种很有吸引力的方式，可以在提供商的全面支持下进入 SDN 技术领域，而且几乎不需要现场技能。这些设备包含了虚拟计算、存储、网络和业务流程元素，这些元素都被配置为协同工作，客户只需加载其应用程序，然后在一个盒子里就拥有了一个完全虚拟化的 SDN 环境。

对于那些希望测试 SDN 网络技术而又不想完全投入昂贵的成本来进行概念验证或全面试验的人来说，超融合已经成为一种流行的方法。但是超融合仍然只是一种新兴技术，不会以目前的形式成为大规模部署的解决方案，然而，它将非常适合中低端市场的进入者。

现实情况是，如果在转换完成之前颠覆性技术还尚未出现，那么 SDN 和 NFV 最终将接管所有网络。但关键是，这将是一个缓慢上升的趋势。有些公司会比其他公司更早做好准备，并且会做得很好，有些公司则会等待太久，被抛在后面。然而，有些公司会在时机未到之前就涉足其中，考虑到可能造成的费用和分心，这或许比等待太久更危险。

第29章

服 务 链

当阅读有关软件定义网络（SDN）的文章时，服务链这个词经常出现，最初并不清楚这个词与 SDN 有什么相关性。服务链毕竟不是什么新鲜事，它在网络中已经存在了一段时间，它涉及硬件（通常是安全设备）相互连接的方式，以形成一个物理设备链，这些物理设备提供了你所需的综合功能。例如，你可能想要网络地址转换（NAT），接着是入侵检测（IDS），然后是防病毒（AVS），接着是 URL 和内容过滤以及防火墙（FW）等功能。如果是这样的话，网络管理员将建立这些设备，并确保它们与通过设备链的流量串联在一起。然后由每个设备上的访问列表和规则库决定要处理哪些流量流。

这对于整个网络来说效果很好，但这并不是按客户来配置服务的最佳方式（例如在多租户环境中）。

图 29-1 所示，客户端 A 可能只需要 FW 和 AVS，但它的流量将与客户端 B 沿同一路径传播，而客户端 B 需要 NAT、IDS 和 FW，即使客户端 A 不需要 IDS 或 NAT。同样，客户端 C 也将沿着相同的路径来接收 NAT、IDS、AVS 和 FW。

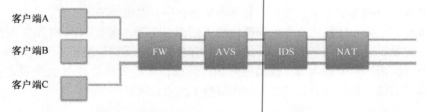

图 29-1 没有客户端定制的服务链。每个客户都能获得每项服务

除了增加配置错误的风险外，此方法还可能会造成流程的延迟。无论设备是否要处理查找，查找都会应用于所有流量。事实上，由于访问列表的性质，没有应用的流量是会被最后处理的。

新的想法是使用一种更合理的方法，特别是在 IP/MPLS 网络中。原因是在 IP/MPLS 网络中，通过创建标签交换路径（LSP），你可以更好地控制流量经过的路径。通过为特定的流量流预先确定路径，你可以确保数据包只经过它们需要经过的设备，而绕过其他设备。这在某些方面是一种改进，不过很多事情取决于是什么原因诱发了延迟，是不必要的流量通过设备，还是通过网络的路径更长。

无论采用哪种技术来提供服务链，是为每个客户端数据流应用服务配置的设备链，还是使用 MPLS LSP，都需要大量的人工配置来提供和部署服务链到客户端。

29.1　SDN 中的服务链

那么，现在我们正在处理 SDN 网络，服务链是如何改进的呢？嗯，最重要的是，我们现在有虚拟网络功能（VNF）与 SDN 一起工作，以提供所需的重要虚拟化，将功能（以虚拟网络功能的形式）从昂贵的物理设备中分离出来。这些虚拟化的网络功能类似于服务器虚拟化中的虚拟机，但有一个很大的区别，VNF 不受管理程序的约束，也不在任何形式的虚拟化服务器上，因为它们可以纯粹作为一个应用程序在标准服务器上运行。这使得它们在网络中部署时非常灵活。

另一个值得关注的问题是，VNF 可以部署在运行基本形式的 Linux 操作系统的 COTS（商业现成）服务器或交换机上。这意味着，它们可以根据任何一种方法的成本效益，部署在最适合的地方。当然，这对于昂贵的设备来说是不可能的，因为它们必须位于流量聚合点，并因此而被过度配置。如果要把它们串联起来，那就意味着要回到以前的老硬件串联。但是，还有其他的选择，NV（网络虚拟化）是 SDN 使用的，通过位于传统数据中心网络之上的 NV 覆盖，根据客户数据流建立隧道。可以将一个 COTS 服务器直接放置到客户的隧道中，从而确保你捕获数据流，因为流量必须通过它。然而，为每个客户增加一个硬件设备并不具有很强的扩展性和成本效益，即使合理地部署 NFV 服务器，这仍然不是一个理想的方式，因为它是在为网络增加更多的硬件和额外的复杂性。

现在，在这里我们似乎又回到了以前的做法。增加硬件并不是最好的方式，那么我们如何推进服务链化，以满足快速自动化部署的目标呢？在考虑 SDN 在服务链和功能部署中的作用之前（最初并不清楚），SDN 可以扮演 MPLS 的角色，而且做得更有效。这意味着 SDN 可以确定每个单独数据流在网络中的路径，它可以确保数据流穿越每一个需要通过的功能设备（VNF 设备）。

此外，SDN 可以在每个客户和服务的基础上确定和提供这些路径，如图 29-2 所示。例如，需要 IDS 和 FW 的客户端 A 与需要 NAT 和 AVS 的客户端 B 在网络中的路径不同。同样，客户端 C 将遵循另一条路径来接收 NAT、AVS 和 FW，尽管它们的目的地都是同一个。

SDN 和 NFV 允许流量在网络中智能地选择路由，以便数据流在每个客户的基础上通过所需的功能服务，并且只通过这些功能。通过 SDN 自身对流量隧道的自动调配来执行客户的服务策略，SDN 可以在每个客户或客户的基础上自动调配功能和服务，这就实现了多租户的功能（例如，SDN 将引入实际上隔离每个客户流量的隧道）。更重要的是，它将引入支持不同客户的不同服务链的能力，所有客户都在同一网络上"行驶"，而不会因设备置于流量汇聚点而引起不必要的延迟和过度配置。

SDN 可以通过服务链降低为每个客户提供功能的复杂性，因为它可以动态地做到这一点。SDN 可以自动为每个客户的服务链创建和配置最佳路径，因此可以为服务部署带来灵活性和敏

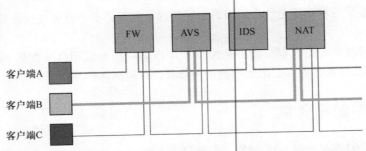

图 29-2   在可编程网络中，服务链可以在每个客户端的基础上进行定制

捷性。通过 SDN 处理每个客户的数据流的配置，作为服务出售的产品将在几分钟之内动态配置并部署到客户的配置文件中，而不是在 SDN 网络上部署几天。

服务链

服务链是将网络服务串联起来的术语

在过去的日子里:

每个客户都得到了所有的服务，即使他们不想要这些服务。这是很低效的

基于策略的路由 (PBR):

PBR使网络管理员能够在每个租户的基础上对服务进行编程，这是缓慢而复杂的

SDN服务链:

PBR的好处是更容易编程，因为你只需要对控制器进行编程即可，该控制器会自动对网络进行编程。
更改也很容易

第30章

NFV对网络设备的影响

随着网络功能虚拟化（NFV）的到来，很多特制的网络设备很可能会消失。那么，它们会发生什么呢？这是一个很好的问题，也是本章将试图回答的问题。然而，要理解 NFV 的这个结果，我们必须首先考虑目标是什么，因为它们不同于服务器和应用程虚拟化。让我们先了解一下为什么服务器和应用程序虚拟化如此成功。

30.1　网络设备有何不同

虚拟化应用程序的最大优势是，管理员可以将应用程序作为虚拟机运行在主机服务器上。服务器管理员通常在一台专用服务器上安装一个应用程序，这是非常低效的，因为一个应用程序对服务器的利用率很少能接近极限，资源利用不足是非常浪费的。通过将较小的应用程序整合到虚拟机上，然后托管在一台较大的服务器上，IT 团队实现了更高的效率，减少了整个数据中心的服务器扩张。通过应用服务器虚拟化，数据中心可以大大减少其服务器数量（以及数据中心的整体成本）。这是服务器虚拟化的一个显而易见且容易实现的好处。例如，网络管理员只需将应用程序的位置优化到未充分利用的服务器上，就可以现实地减少50%的服务器数量。

但是，网络功能虚拟化根据所应用的模型会有所不同，这就是 NFV 变得更加复杂的地方。问题在于，网络虚拟化并不是要整合网络设备，实际上恰恰相反。NFV 旨在创建更便宜的设备，然后将它们部署在需要它们的网络中。这是 NFV 的重要一点：它不一定能替代现有设备。当然，有些用例确实如此，比如虚拟用户处所设备（vCPE）模式，但即便如此，也是在一对一的基础上。NFV 更多是用于分配功能，而不是整合功能。

大多数合并网络功能的原因是，使用虚拟化概念并将其应用于应用程序和服务器中要比应用于网络设备中容易得多。例如，一个软件应用程序的性能是基于每秒的时钟周期数（每秒可运行的指令数），将需要最低限度的物理配置，如处理器速度和类型、操作系统和内存要求，以达到最佳运行状态。然后，管理员可以检查应用程序的服务器利用率数据，并确定其对主机服务器资源的最大使用量。有了这些数据，管理员就可以通过将应用程序作为虚拟机转移到一台较大的服务器上，从而整合服务器，使服务器的资源效率最大化。

　　然而，这种模式对网络设备并不完全适用。因为软件需求和它们所消耗的资源并不能构成判断和确定网络设备大小的标准。例如，在家用 PC 上运行一个防火墙应用程序，几乎不需要消耗任何系统资源，因为它不是复杂的软件，尤其是在处理一个用户且流量很小的情况下。然而，运行类似软件的网络防火墙设备必须飞速处理可能有数百或数千名用户的 10Gbit/s 的流量。这也是为什么网络设备提供商不遗余力地优化软件运行平台的原因。通常这需要专用集成电路（ASIC）芯片和硬件设计，专注于负载条件下的应用性能最大化。正因为如此，你用一台运行着与网络上其他所有设备相同的软件的 COTS（商用现成）服务器来取代该专用设备，是不会有任何效果的，更不用说为了节省空间而试图将几台防火墙整合到同一台 COTS 服务器上了。

1. 用许多小型虚拟设备替换大型硬件设备

　　如果查看一个传统的网络，你会看到有策略性地放置网络设备，其通常位于流量汇聚点。这种策略依赖于少数昂贵且配置过剩的设备，这些设备位于网络内的关键位置。这里的问题是，所有的流量都必须通过这几个设备，以确保所有的流量都得到处理。在上一章（关于服务链）中，你看到了这种模式的缺点。虽然从成本和管理的角度来看，整合网络中的一些网络设备是有效的，但它可能会对性能和优化流量造成破坏。用基于软件的 COTS 服务器取代那些昂贵的设备，这些设备由于是定制的 ASIC 和专用硬件，可以处理巨大的流量吞吐量，但这并不能缓解这种情况。

　　对 NFV 的误解是，它经常被称为是一种减少资本支出的技术。实际上，其只是与服务器虚拟化的方式不同。NFV 减少资本支出的地方不在于对网络设备的整合，也不在于使其数量减少，而是在于通过复制这些设备，将功能以软件的形式分布在整个网络中，从而节省了成本。如果用硬件来做，就需要昂贵的设备支出。这就是分布式功能模式，你不把功能集中整合，而是把它们作为更小的实体分布。虽然这些设备的虚拟版本的吞吐量和处理能力要低得多，但它们的数量更多，而且由于它们是分布式的，任何一台设备的流量负担都会大大降低。例如，NFV 可以在分层安全模式中的关键网络边界中使用，这样，你就可以将防火墙功能分配给网络中特定位置的几个 COTS 服务器，以增加粒度，而不是用一个昂贵的设备作为整个网络部分的守门人。这里节省的资本支出并不是来自于更换现有的设备（因为你最终可能会在网络中拥有更多的东西），而是只需购买多台 COTS 服务器，同时不用再购买非常昂贵的专用设备所节省的资金。

　　这是 NFV 的关键：收益不是来自于整合设备，而是来自于网络功能的低成本分布。当你考虑在多租户网络中应用网络功能和服务时，此策略的重要性将变得显而易见。

　　在云计算或类似的多租户网络中，客户有不同的策略。在一台设备上应用所有策略将是一项风险极高且繁重的任务［而且可能不被某些受到严格监管的客户（零售、医疗等）所允许］。然而，通过将功能作为软件从底层硬件中分离出来，你可以将虚拟化网络功能作为与每个客户的配置文件相匹配的链式服务应用到虚拟机上，从而更有效地应用各个策略。

30.2　什么情况下不应该替代原有的硬件设备

　　现在，让我们来看看为什么你可能不想用 COTS 服务器取代你昂贵的设备。通过服务器虚拟化，几乎不需要什么技术就可以将 Linux 或 Android 操作系统虚拟到你的 Windows 操作系统的笔记本计算机上。你也可以购买 VMware Fusion 或 Parallels，在你的 Mac 设备上运行一个功能齐全的 Windows 操作系统。在 Amazon 网络服务（AWS）或其他基于云的服务上，可以轻松地将任何程序设置为虚拟机。

然而，NFV 则完全不同。大多数设备提供应商会向你提供它们的网络设备的软件版本，你可以将其加载到 COTS 服务器上，并收取一定的费用（这里没有开源）。这里的痛点不在于设置，甚至不在于性能（假设你的分布式设置正确），而是在于协调上。重新设计网络流量，确保所有流量都得到处理（尤其是在安全的情况下）是至关重要的。这就回到了上一章关于 NFV 的内容，引出了前面关于控制网络的话题。如果说防火墙和安全设备是网络上的通用服务器，那么谁来负责它们呢？安全团队还是网络团队？

另一个需要考虑的因素是，也许你不需要扔掉那些昂贵的设备，你可以战略性地将它们放在最有利的地方来利用它们的价值。例如，一个 COTS 服务器将难以与提供商的定制设备的性能相提并论。

为了说明这一点，研究表明，设备的额定性能通常为广告性能的 95%，而应用在高端 x86 服务器上的虚拟化软件托管设备（如 NFV）的管理率只有 64%。经过大量的调整并更换 vSwitch 和 hypervisor 后，结果攀升至 85%。这可能看起来不多，但从 95% 到 85% 的降幅是巨大的，而性能差异化的原因在于软件 vSwitch 和 hypervisor 的瓶颈。在你扔掉那个思科盒子之前，请三思而后行，因为 CEO 看了一篇关于 NFV 有多厉害的文章。

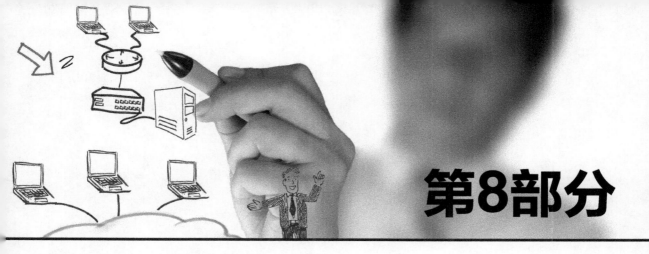

第8部分

安全：安全问题

第31章

我的数据到底在哪里

随着21世纪初云计算的出现，在讨论将应用程序部署到云服务提供商的可能性时，"我的数据到底在哪里？"这个问题一次又一次地出现。企业对在自己管辖范围以外的网络上传递和存储机密、敏感或有价值的数据持怀疑态度，这是正确的。提出这个问题的往往是那些反对使用第三方云的人，或者是那些缺乏技术理解的人。确保数据的安全是很重要的，但数据具体在哪里的问题是不重要的。为了理解为什么具体位置不是大问题，我们需要看看存储虚拟化——它是如何从PC的本地硬盘发展到今天的云存储结构的。

注意：本章的重点是数据虚拟化。有一个称为数据主权的法律概念，是一些国家在法律上的要求。这个概念认为，在一个国家内创建的特定类型的公司的数据不能存储在该国家之外。我们将在本章最后进行讨论。

31.1　存储虚拟化

存储虚拟化已经存在了很长时间。这个过程如此复杂，为了更好说明我们需要从用户那里举个例子。例如，考虑一下PC的硬盘驱动器。在过去（固态存储问世之前），硬盘驱动器只是一张硬盘，这些硬盘被格式化为柱面、磁头和扇区（CHS）。数据以二进制格式存储在这些磁道中。但是，每个驱动器的柱面数是变化的，因此硬盘驱动器的容量也不同。而使用CHS的寻址系统是不可行的，因为每个硬盘驱动器都会更改特定的参数。解决方案是使驱动器的固件通过为CHS的每个连续切片编号，来虚拟化CHS地址，此过程称为逻辑块寻址（LBA）。除LBA外，驱动器还使用文件分配表来记录每个文件在物理硬盘上的存储位置。显然，用户确实需要了解任何这种低级复杂性，因此可以通过在物理硬盘上应用盘符（例如C:）来抽象该复杂性。这意味着用户可以使用盘符和目录路径访问其数据；即C:\user\filename。

基本上，这就是本地存储虚拟化。网络存储虚拟化几乎与此相同。使用LBA时，虚拟化过程将处理单个硬盘以形成LBA地址的连续列表。借助块虚拟化，目标是获取多个物理硬盘并将其作为单个大型逻辑驱动器呈现。其背后的想法是聚合所有参与者驱动器的地址块，以创建一个逻辑驱动器，该逻辑驱动器在操作系统中看起来像一个大驱动器。块聚合之所以起作用，是因为作为应用程序的存储使用者不关心数据存储的物理信息，例如驱动器或阵列的数量。相反，它们具有简单的要求：

■ 容量：存储区可以存储应用程序生成的所有数据吗？存储空间有多大？

■ 性能：存储区域能否满足应用程序的响应时间？有多快？

■ 可用性：存储区域是否可以满足应用程序的可靠性要求？它的可靠性如何？

通过网络存储虚拟化，用户可以连接到存储区域，也许是在数据中心的服务器硬盘驱动器上。该驱动器将成为存储阵列的一部分，该阵列将较小的任务合并为一个较大的驱动器"空间"。同样，这里的虚拟化应该为用户或应用程序将网络路径的复杂性抽象为数据。用户只需使用盘符（例如 G：\ ）访问其数据，即可使用 G：\ user \ filename 保存和检索其数据，而无须了解物理底层结构或数据的实际存储位置。

31.2　存储区域网络

随着网络存储的发展，它的复杂程度越来越高，甚至更大的驱动器被聚集到存储阵列中，以支持需要专用存储区域网络（SAN）的企业级数据。SAN（见图 31-1）可能不一定在用户的本地数据中心，而是托管在区域数据中心，但这同样不是用户所知道的，也不是用户有兴趣了解的。

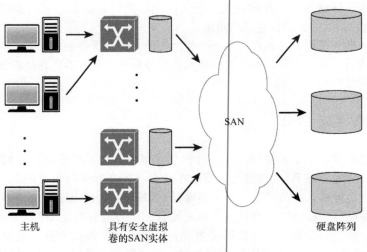

图 31-1　存储区域网络

此外，随着 SAN 管理复杂性的增加，对可动态配置的存储区域的需求也在增长，这些区域可以根据需要进行扩展和收缩。对更高性能和数据存储可用性的需求也在不断增长。管理员通常通过跨多个阵列的逻辑单元号（LUN）划分数据来提高性能。同样，它们通过使用数据镜像和复制技术在多个位置存储数据来缓解可用性问题，以帮助并行处理并支持业务连续性。确实，随着虚拟机的出现，存储移动性已成为必需条件，虚拟机可以在服务器之间动态迁移，虚拟存储中的 LUN 也是如此。因此，数据的实际位置对管理员管理控制台之外的所有人员都是透明的。

这是因为 LUN 根据其资源要求在 SAN 上迁移。虚拟化不仅从用户，还从存储管理员的角度抽象了实际的存储位置。

　　因此，确切地讲，因为我们并不知道将数据存储在何处，这不是技术问题（在大型企业网络中也不是）。当然，我们知道哪个数据中心存储数据，但不知道具体存储在哪个存储区域元素或驱动器阵列上，因为它们将位于多个位置以提高性能、可用性和用于备份。

31.3　数据位置和安全性

　　用户不需要知道自己数据的存储位置，只要他们对存储管理员（公司）存储数据的安全三原则有信心和信任就可以了，即
- 保密性
- 完整性
- 可用性

这三个属性通常称为 CIA 三元组，如图 31-2 所示。

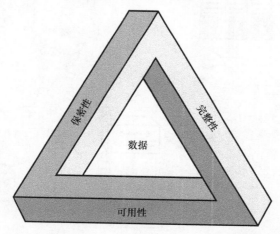

图 31-2　CIA 三元组是一个广泛使用的概念，描述了数据安全在保密性、
完整性和可用性方面的自我强化概念

　　通常情况下，这种信心和信任在企业网络场景中是一种必然。然而，当我们从企业网络扩展到以企业和公众为客户的全球服务提供商时，会发生什么呢，这很有意思。在这两种场景下，客户如何建立信心呢？

　　对于公众而言，知道其数据存储在何处通常不是问题。他们使用全球电子邮件服务已有数十年之久，从未质疑其邮箱的位置，因为他们的电子邮件提供商已达到其性能和安全性期望。同样，公众也急于采用云服务来存储数据，例如 Dropbox（有很多企业，或者更准确地说，是在 IT 的控制范围之外将 Dropbox 之类的服务用于商业目的的个人）。在公众看来，便利性（尤其是免费的便利性）会破坏安全性。但是，企业用户呢？其如何看待数据存储在哪里？

　　从一开始，IT 安全人员就一直反对使用免费的匿名电子邮件，他们认为托管电子邮件解决

方案一点也不好，有时甚至更糟。它们的合规性围绕公司数据的模糊存储展开，不仅涉及存储位置，还涉及数据所有权和其他合法性。不过在此期间，没有任何改变。IT 安全人员仍然关注在公共云上查找数据，并不是因为技术原因，而是出于治理和法律方面的考虑。

31.4   需要解决的非技术性问题有哪些

问题是，大的云提供商（Google、Amazon 和 Microsoft 等公司）都拥有全球网络，可能（也可能正在）在世界任何地方存储你公司的数据。其他较小的云提供商可能没有这些庞然大物的规模，但在它们的存储政策中也同样如此。毕竟，这些提供商将你的私人和机密数据存储在专有的云存储网络上，而你可能无法核实这些数据的位置，并且你几乎没有机会进行审计。图 31-3 是 AWS 存储的示意图，它们并不能保证客户数据的具体位置。

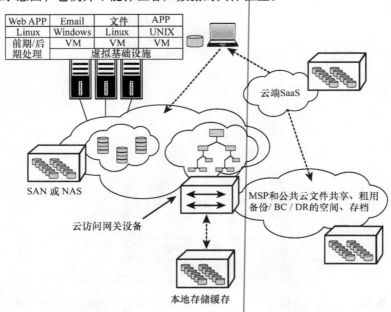

图 31-3   AWS 存储的示意图。AWS 不保证能够或将提供客户数据的确切物理位置的详细信息

31.5   总结

希望本章已经说明了为什么个人用户不关心或不应该关心他们的数据存储在哪里，只要存储提供商保持适当的保密性、完整性和可用性水平。然而，对于企业来说，它们希望在哪里以及为什么要存储它们的数据，存在着法律问题和要求。例如，在欧盟，数据保护对隐私的重视程度高于美国（至少在撰写本文时）。欧盟的执法部门和当局在访问存储的数据时，还需要承担更大的举证责任。因此，在欧盟注册的公司非常不愿意将其数据存储在美国境内的某个地方。这只是

一个例子，说明为什么公司可能不愿意在其他国家境内存储数据。

　　像 Amazon 和 Google 公司这样的云提供商在全球拥有真正的全球足迹和数据中心。因此，你公司数据的存储位置不仅是 IT 部门关心的问题，也是公司治理和合规相关人员关心的问题。毕竟，诸如萨班斯 – 奥克斯利法案（SOX）之类的法案要求公司遵守数据处理，审计实践和流程。但是，当公司将其数据存储在云中时又如何呢？公司能否真正按照 SOX 标准审核 Amazon 或 Google 公司的数据处理流程？

　　某些云提供商（例如 AWS）确实提供了进行合规性审核的框架，但它们可能会不完全符合你的内部 IT 流程进行审核。

　　在后面的章节中，你将了解公司如何保护其数据在云中的安全，即使它们无法完全审核或确定其位置。但是，到目前为止，本章将以最后一个示例说明为什么你可能想知道数据的确切位置。

　　在一个国家境内存储数据的法律规定是一个古老的法律，随着云计算的出现，其实用性正在减弱。然而，在许多国家，法律仍然存在，因为社会采用互联网和云等颠覆性技术的速度远远快于立法者的反应。因此，目前仍有几部现行有效的法律与数据的创建和存储地点相关。这意味着，明智的公司在部署在云端生成、存储或消费敏感数据的应用程序时，应听取法律建议，以确定自己该如何操作。因此，"我的数据到底在哪里？"这个问题与其说是技术或安全问题，不如说是法律和治理问题。

我的数据在哪里?

第三方云

1 云中的数据不仅是在一台服务器上,甚至是在一个数据中心。它在很多地方,通过一种称为碎片的技术,以使其采用真正安全的方式进行了分解

2 对于碎片技术来说,一个很好的类比是破碎的盘子概念. 把你的数据集想象成一个盘子,然后,想象你把盘子摔了,这会导致它破碎成许多随机的碎片

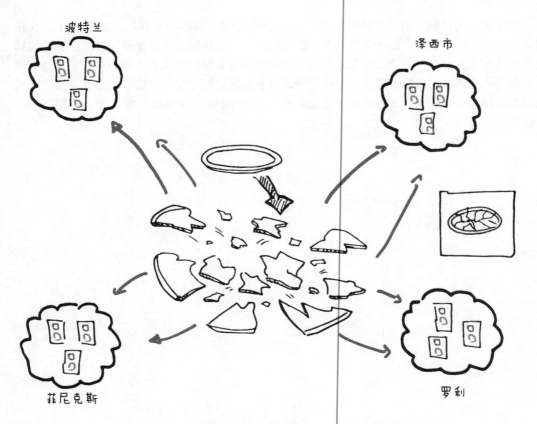

波特兰

泽西市

菲尼克斯

罗利

3 然后将这些随机碎片分发到许多不同的地方,并且由于数据现在是随机的,即使一个数据中心受到泄露,数据也没有用

4 当然,使它起作用的关键是云提供商必须能够将所有部分放在一起. 这可能会导致一些性能问题,但要在提供的安全性上进行权衡

防止数据泄露

在上一章中，你了解到，当你使用云服务时，并不总是能够知道你的数据存储在哪里。这对于大多数公司来说通常是没有问题的，但对于受监管的企业来说，这可能是一个法律难题。虽然数据在云中的具体位置并不是一个严重的问题，但存储了哪些数据、谁在存储数据、谁可以访问数据，这都是严重的问题。

长期以来，企业的数据未经授权被擅自删除一直是个问题，特别是随着笔记本计算机硬盘和 USB 存储器等大容量移动式存储的出现。然而，随着互联网及其相关技术（如私人电子邮件、移动无线设备和云存储）的出现，IT 安全部门对公司数据保护的难度前所未有。最近出现的工作习惯，如自带设备（BYOD）和更不好管理的自带云（BYOC），几乎让员工可以自由地将数据传输到企业以外的个人设备上，甚至将公司数据存储在 Dropbox 等个人存储云上。请注意，这并不是意味着这里的主要问题是存在意图窃取数据的不良员工。这当然是一个问题，但总的来说，数据泄露通常是由善意的员工无意造成的，他们只是想提高工作效率。他们的理由是，通过将他们的办公生态系统复制到云端，他们可以更有效地工作，更重要的是，他们可以在任何地方和任何时间工作。虽然这是事实，但当员工自己使用非公司控制的云端来做这件事时，他们在无意中造成了巨大的安全问题，而且大多数时候都不符合信息安全政策。

正是由于这一原因，数据泄露成为一个主要问题，这并不奇怪，因为对于大多数公司来说，数据是具有知识产权和财务价值的主要资产。在金融服务等一些行业中，监管机构为公司如何管理敏感数据制定了标准和规则。这些都是法律责任，CIO 和 CFO 有责任应用这些规则以确保公司遵守这些法规，否则将面临巨额罚款。

此外，IT 安全部门还负责确保数据的安全存储，维护公司范围内信息的机密性、完整性和可用性。然而，问题就出在这里，IT 部门既负责保护公司数据的安全，同时又要本着 BYOD 的精神，允许数据通过个人设备或个人云存储流出企业。

由于有太多可能会导致数据从组织中泄露，这个问题将进一步加剧。员工可以使用私人电子邮件发送文件，或者将文件存储在 Dropbox 的云端。他们还可以将文件保存到智能手机或平板电脑上，甚至可以将公司的办公计算机复制存储在个人云环境中的虚拟机中。此外，由于员工是在没有任何恶意的情况下进行所有这些操作，所以他们是真的不知道在云端传输和存储数据的潜在危险。对他们来说，这就好像是他们工作 PC 上的另一个虚拟驱动器一样。显然，安全部门必须要做一些事情来防止公司数据的这种泄露，但他们的解决方案不能对员工的效率和移动性造成损害。

因此，如果你不能阻止或限制 BYOD 或 BYOC 的举措，就必须采取措施保护数据本身，而不是阻止其传输方法。不幸的是，业界不得不面对一个令人不快的事实，即公司总是会因为数据泄露而丢失一些数据。

32.1　减少数据丢失

那么，我们的目标是最大限度地减少数据丢失，因为 100% 的预防是几乎不可能的（或者至少不值得大多数公司愿意为实现这一目标而付出代价）。因此，IT 人员在尝试对所有数据进行控制时，不应该试图要 "大海捞针"。相反，采取切实可行的方法来保护有价值的数据才是更明智的做法。那么，在最大限度地减少数据丢失的过程中，有以下两个关键步骤：

1）应用数据丢失的风险公式（风险 = 影响 × 发生率）。这不同于标准的安全风险公式，因为数据丢失是不可避免的、非故意的，而且（重要的是）它是可以被测量和减轻的。

2）应用数据丢失的 80∶20 规则，找出你可能在哪些地方遇到影响较大的数据泄露。

要了解如何预防数据丢失，组织需要了解并确定它们试图保护的数据类型：

■ 移动中的数据（在网络上传输）
■ 使用中的数据（正在终端使用）
■ 静止状态下的数据（在存储中闲置）

第二，确定数据为描述类或注册类。

■ **描述类**：开箱即用的分类器和政策模板，有助于识别数据的类型。这在寻找个人可识别信息等内容时很有帮助。

■ **注册类**：对数据进行注册以创建 "指纹"，从而允许对特定信息（如知识产权）进行全部或部分匹配。

若要将你的精力应用于最有可能造成严重影响的违规行为，请使用帕累托 80∶20 规则，来查找被 20% 的违规媒介破坏的 80% 的记录和文件（黑客、云上传、数据传输到可移动介质、BYOD）。由于大多数数据丢失是通过云上传、数据传输到可移动介质和 BYOD 造成的，所以我们需要将精力应用到网络上，以及移动中的数据和使用中的数据上。

你可能想知道为什么这种方法不关注静态数据，因为这是逻辑上的起点。但是，在保护数据时需要考虑一些事项。第一，你不知道所有敏感数据的位置。第二，海量的静态数据使得搜索、识别和分类在存储中的每个文件几乎是不可能的，并且不可能显著降低风险。第三，对使用中和移动中的文件进行识别和分类更容易，也更有意义，因为它们是当前面临风险的文件。这正是数据丢失预防（DLP）技术的作用。

32.2　数据丢失预防

数据丢失预防（DLP）有两种基本类型：

■ **全套 DLP**：专门用于 DLP 的专用系统。全套 DLP 解决方案涵盖了完整的泄露载体，从通过网络传输的数据（移动中的数据）、计算机或终点的数据（使用中的数据），到存储在服务器驱动器或存储区域网络（SAN）中的数据（静态数据）。同样重要的是，全套解决方案可以处理全部网络协议，如 HTTP、HTTPS、FTP、电子邮件和其他非特定的 TCP 流量。

■ **通道数据丢失预防**：多功能系统的 DLP 功能。通道 DLP 通常是为其他一些功能而设计的，但经过修改后提供了可视性和 DLP 功能。例如，电子邮件安全、网络网关和设备控制。

最早的 DLP 解决方案使用深度数据包检测（DPI）来执行模式检测，其方式与入侵检测系统（IDS）类似，后者检测恶意模式，即文件中的签名。DLP 使用这些技术来识别账户号码或信用卡信息等模式。然而，这些方法并没有取得巨大的成功，如今大多数 DLP 解决方案都使用一种名为"数据指纹"的技术。DLP 对数据库中的数据（结构化数据）以及文件和文档中的数据（非结构化数据）使用指纹处理。指纹处理对结构化和非结构化数据创建一次性散列，并将其作为唯一参考存储在数据库中。

DLP 在扫描文件或部分文件时，利用这些数据指纹来识别文件或部分文件，寻找敏感信息，然后 DLP 就可以阻止它们离开网络。然而，DLP 虽然名为预防，但并不总是预防。许多公司宁愿只检测数据流出网络的动向，因为它们担心阻断数据流动会对业务流程产生不利影响。阻断可以针对电子邮件和 Web 访问进行。对于电子邮件，DLP 将充当邮件传输代理，它将提供技术手段来选择性地阻止或允许单个电子邮件信息。但是，对其他协议的封堵就不是那么容易了，需要用 DPI 对通过线路中的流量进行实时分析。另一种常用的方法是采用互联网内容适配协议（ICAP）代理服务器，在网关处过滤所有 HTTP、HTTPS 和 FTP 请求，并将它们重定向到 DLP，以分析和检查流量是否违规。

在公司网络中实施 DLP 会遇到很多技术问题，但从治理的角度来看相对简单，只要你遵循一些有关数据隐私和数据监控的一般指导原则：

■ 雇员在办公室门口依然拥有隐私和数据保护的权利。这意味着隐私和数据保护法很可能适用于工作场所监控。

■ 对雇员隐私权的任何限制都应与雇主合法利益可能受到的损害程度相称，或者反过来说，监控必须与雇主面临的风险等级相称。

■ 雇主应清楚了解监控的目的，并确信特定的监控安排会带来实际利益。

然而，对于云服务提供商来说，这就不那么简单了，因为它们必须遵守隐私法和数据保护法，毕竟这不是它们的数据。DLP 只是几种可能违反数据隐私法的技术之一，因此云服务提供商在一定程度上模糊了数据所有权的区别。所以，在考虑使用云服务提供商的服务时，阅读合同中的附属细则非常重要。

防止数据泄露

1 你的数据存在于很多地方，
大部分都是相当安全的

3 如今的一个大问题是，员工经常使用第三方
云或数据共享网站来方便协作。它的效果很
好，但它是数据泄露的主要来源，因为公司
数据现在存储在外部服务器上，而这些服务
器并不属于它们自己，而且往往无法直接访
问

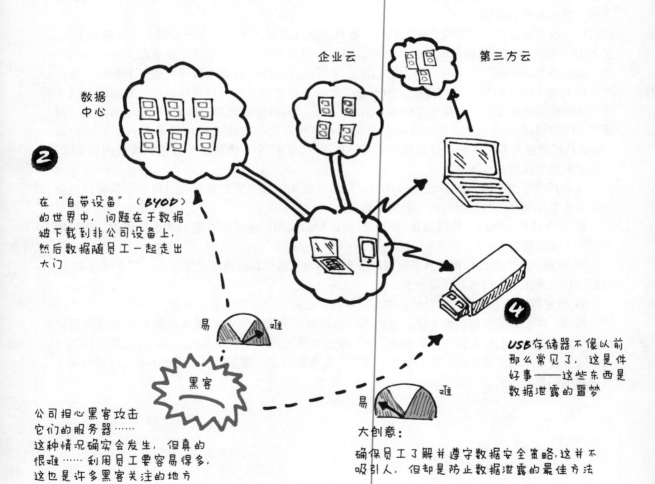

数据
中心

企业云

第三方云

2 在"自带设备"（BYOD）
的世界中，问题在于数据
被下载到非公司设备上，
然后数据随员工一起走出
大门

易　难

黑客

4 USB存储器不像以前
那么常见了，这是件
好事——这些东西是
数据泄露的噩梦

公司担心黑客攻击
它们的服务器……
这种情况确实会发生，但真的
很难……利用员工要容易得多，
这也是许多黑客关注的地方

易　难

大创意：

确保员工了解并遵守数据安全策略，这并不
吸引人，但却是防止数据泄露的最佳方法

第33章

日志记录和审计

正如前一章所讨论的，云计算的最大问题之一是你永远无法确定你的数据被存储在哪里。你不知道提供商是否在复制你的数据，你可能无法确定它们是否切实在其网络上保护了你的数据，但你应该能够确信你的数据得到了安全的处理。毕竟，即使你已将存储分包给第三方云提供商，你也应该要确保数据的保密性、完整性和可用性，因为它仍然是你的数据本身。你可以将任务外包，但你不能将责任外包。

这是云计算的一大问题。在很多方面，它是一个黑箱，对消费者来说，云里面的任何东西实际上都不可见。此外，云服务的消费者几乎不知道或根本不知道提供商如何处理他们在云内的应用或数据。他们还要接受云提供商是诚实和有能力的。此外，他们还要寄希望于云提供商的工作人员没有恶意，不会篡改其数据或侵犯其隐私。

当然，这是一个大规模的集中风险，因为潜在的数据泄露损失可能比传统数据中心大得多。此外，还有其他云用户也很集中，这直接关系到更高聚集程度的潜在威胁。原因在于，虽然服务的用户会使用加密技术（HTTPS 或 SSL/TLS）在云上进行上传和通信，以保护数据在互联网上的传输，但大多数云提供商会在其网关处终止加密会话。因此，用户的所有流量都会以未加密的方式通过提供商的多租户网络。换句话说，流量被加密到云端，但并没有通过云端。正因为如此，一些安全专家认为这只比互联网稍微安全一点。在深入探讨为什么需要记录和审计云环境中的事件之前，你首先要了解为什么企业不顾固有的风险而使用云。

云服务提供商有三种常规的商业模式：

■ SaaS（软件即服务）：服务提供商提供应用程序和数据。

■ PaaS（平台即服务）：提供商提供软件开发语言和工具作为开发平台。

■ IaaS（基础设施即服务）：提供商提供服务器、存储和高容量网络的虚拟网络基础设施，按使用量收费。这是云服务最常规的商业用途。

这些模式中的每一种都有不同的安全问题。对于软件即服务（SaaS），企业完全依赖软件提供商来提供服务的保密性、完整性和可用性。平台即服务（PaaS）是一个开发者平台，如果所有流量都不加密地通过提供商的网络，那么多租户环境就会影响安全。基础设施即服务（IaaS）

由于消费者配置点数量多，会有很多潜在的问题。

无论云提供商提供何种业务模式，例如，Azure 专注于 PaaS，SF 专注于 SaaS，Amazon 专注于 IaaS，它们都必须提供足够的云安全。它们通过提供一套广泛的策略、技术和程序（控制）来保护数据、应用和相关基础设施，这就是云提供商必须遵守审计和数据安全合规性规定的地方。它们还必须允许独立和公认的审计公司对其服务进行审计，以确保其符合法律要求。这些法规包括健康保险便携性和责任法案（HIPAA）、萨班斯－奥克斯利法案（SOX）和支付卡行业－数据安全标准（PCI－DSS），具体取决于所在行业。这意味着提供商可能会以社区或混合部署模式提供服务，以确保其满足特定的行业法规。它们不是提供一刀切的服务，而是提供符合相关法规的特定行业服务。

针对云提供商的审核认证有以下几种：

■ SSAE 16：注册会计师审计准则委员会提出的准则。

■ SA 300：财务报表审计的规划指南，该指南考虑了 IT 对审计程序的影响，包括数据的可用性以及公司管理层对设计、实施和维护健全程序的承诺。

■ SA 315：关注利用信息技术启动、记录、处理，以及报告交易或其他财务数据以纳入财务报告的情况。

使用云服务的企业有责任确保其云服务提供商经过认证，以满足其特定业务的行业法规。然而，事情并不那么简单，因为云计算比将数据存储在本地数据中心具有更大的风险。例如，如果服务提供商倒闭了怎么办？如何保护公司的数据不受大数据挖掘算法的影响？如果提供商将存储分包给第三方，谁来负责遵守法规？另外，如何保护公司和提供商之间脆弱的数据链路（因为这将是任何恶意攻击者的主要攻击载体）？这些都是作为审计程序的一部分必须要调查的考虑因素。

33.1　日志记录的重要之处

常规审计程序应采取基于减少风险的方法，并确定自然产生的固有风险和由于控制不足而产生的可控风险。审计还应确定为处理已查明的风险而采取的控制措施，并对控制措施进行抽样检查以确定有效性。

然而，云安全审计的一个大问题就在于此。当你的数据被存储在云提供商的网络中时，很难审计提供商对你的数据的控制。是的，如果它们想获得认证，就必须让权威的行业审计师来验证它们的服务，但它们不会让客户对数据和基础设施的控制进行临时审计。这时就要用到日志记录的作用了。

如果用户不能审计他们的数据，那他们至少应该能够访问日志记录，以了解发生了什么操作，何时发生的，在哪里发生的，以及谁做的。毕竟，多租户环境可以提供一个完美的攻击区域，攻击者不必扫描整个互联网寻找受害者，而是有一个小得多但更有价值的目标。当然，对于云提供商来说，这是一个巨大的挑战，解决方案或者至少是部分解决方案都要涉及身份管理。

为了有效地记录访问和活动，服务提供商（或应用程序）必须能够区分用户，然后记录他们的活动。早期的云提供商面临的问题之一是，不仅有过去需要隔离数千名租户的问题，现在它们还必须跟踪数万名租户的动向，并以某种方式识别他们。

日志记录的另一个问题是，许多数据是移动的，而位置是虚拟的。因此，在哪里存储日志信息将是个问题，因为它可能存储在许多不同的服务器上。这意味着你需要将日志记录报告合并到单个用户报告中。此外，在云这样的动态环境中，你需要确定应该将历史数据存储多长时间。这是云端日志管理的关键要素之一。用户必须向提供商提出质疑，关于记录的内容、记录的位置以及日志的保存时间。同样重要的是，要确保提供商拥有安全和事件管理系统（SIEM）自动化功能，以处理日志并发出警报。

企业访问其本地网络上的日志的原因是显而易见的，包括以下几点：

■ 检测和/或跟踪可疑行为的能力。

■ 提供故障排除、维护和操作支持。

■ 支持司法鉴定分析。

不幸的是，这些在云中并不那么有效，因为基础设施和应用数据的位置是模糊的。幸运的是，大多数企业选择 IaaS 方式部署它们的云平台，而日志记录与普通的企业日志管理非常相似，最大的例外是日志的存储位置和警报的发送位置（以及发送给谁）。最常见的解决方案是设置一个虚拟机作为日志收集器。日志收集器汇总并分析 IaaS 平台内产生的日志。或者，你可以让 IaaS 云中的每个虚拟机将其单独的日志发回公司的数据中心进行汇总和分析。这让所有的日志都在"内部"生成，但会产生大量的流量。另一种选择是将日志流量直接发送给受管理的安全合作伙伴，或者如图 33-1 所示，发送给第三方审计师（TPA），让他们来处理这一切。这个好处在于他们做了所有的审计工作，并收集审计证明。当需要或被要求时，客户就可以从 TPA 处取回这些信息。当然，这只是一种选择，前提是你被允许外包安全管理（不是所有公司都允许）。

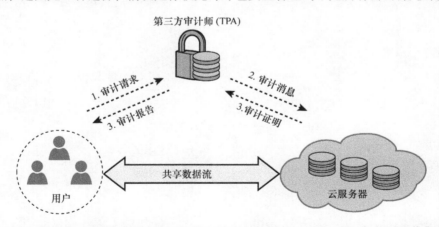

图 33-1　TPA 管理正在进行的审核和日志记录。然后，客户端（用户）可以根据需要收集这些数据

使用 PaaS 和 SaaS 更加困难，因为许多云提供商仍然不支持这些平台的日志管理。使用底线是对于 PaaS 和 SAAS 来说，客户需要确认应用程序日志记录是否可用，并在其购买过程中对此进行权衡。如果公司受到内部或外部要求的约束，则可能无法选择某些云提供商。

也就是说，云提供商在每一次开发或将应用程序迁移到云端时都面临着越来越大的压力。

因此，这个问题有可能很快就会得到解决，因为应用程序和内部开发人员的日志比操作系统或网络日志更难解析和解释。

最终，企业在云中生成日志所需的考虑事项需要与本地数据中心日志记录已经采用的考虑事项和资源相同，同时也将会有存储和处理器的开销，这将增加云存储的成本，以及将日志安全运回公司数据中心的问题。

33.2　小结

总而言之，在大多数云环境中，审计和日志记录可能是一个挑战，但主要参与者（如 Amazon、Google 和 Azure 等公司）已经认识到了这一缺陷，并且都开发并发布了审计和日志记录的查询地址。

审计和日志记录

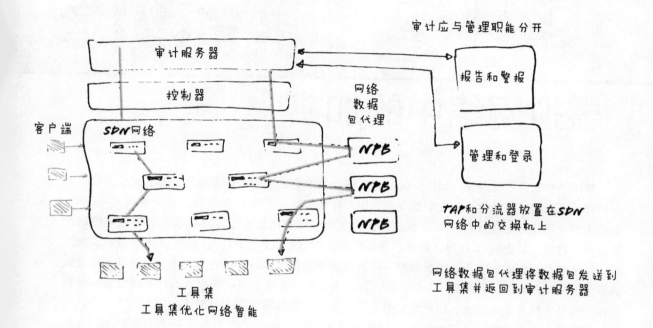

审计应与管理职能分开

审计服务器

控制器

网络
数据
包代理

客户端

SDN网络

NPB

NPB

NPB

报告和警报

管理和登录

TAP和分流器放置在SDN
网络中的交换机上

网络数据包代理将数据包发送到
工具集并返回到审计服务器

工具集

工具集优化网络智能

除了大多数受监管的行业要求外，审计和记录还提供：

- 检测或跟踪可疑行为的能力
- 支持故障排除、维护和操作
- 支持司法鉴定分析

在云环境中，审计和日志记录可能是具有挑战性的，但主要参与者（如Amazon、Google和Azure等公司）
已经认识到了这个问题，并且都开发并发布了审计和日志记录门户的查询地址

第34章

虚拟网络中的加密

采用云和软件定义网络（SDN）的公司发现，虽然它们带来了许多好处，如节省了大量的资金和降低了网络的复杂性，但在数据安全方面却存在弊端。云和SDN带来的安全挑战是艰巨的，企业不能掉以轻心。在云和SDN出现之前，企业大多将数据迁移并存储在本地的安全网络边缘范围内。然而，最近的IT趋势，如云、移动性和自带设备（BYOD），已经使硬网络边界成为过去。网络现在有无数的接入点需要保护，因此在云中虚拟化网络变得更加实用。通过将基础设施的责任转移到基础设施即服务（IaaS）提供商，企业可以专注于保护数据而不是基础设施。保护数据的最佳选择是使用加密，但加密有时会产生比它解决的问题更多的问题。

加密解决了在边界之外迁移和存储数据的最大问题，确保了数据的保密性和完整性。通过考虑云中数据的两种状态：动态数据和静态数据，你可以进一步对此进行细分。

34.1 动态数据

对于移动中的数据，客户通常关心的是如何在数据通过互联网到达云提供商网络的过程中对其进行加密。对于安全协议，如用于加密HTTP流量的安全套接字层/传输层安全（SSL/TLS），这通常不是问题。SSL加密非常棒，因为它通常足够安全，而且用户不必做任何特殊的事情来使其工作。尽管找到表明SSL不安全的信息也很容易，但是对于绝大多数组织来说，它足够安全。不过SSL只是一个基于网络的解决方案，这意味着除非你有一个基于网络的应用程序，否则它不会工作。

对于应用程序不基于网络的情况，加密［虚拟专用网络（VPN）］隧道是一个很好的解决方案。然而，如图34-1所示，云提供商通常在其云边缘的互联网网关上终止隧道（即解密流量），这意味着数据在云内是未加密的。

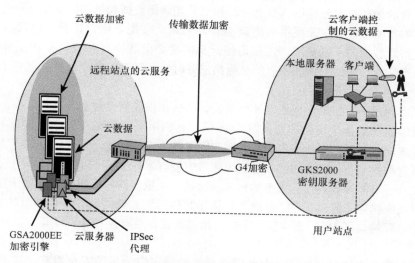

云数据加密　传输数据加密　云客户端控制的云数据

远程站点的云服务　本地服务器　客户端

云数据

G4加密　GKS2000
密钥服务器

GSA2000EE　云服务器　IPSec
加密引擎　　　　代理

用户站点

图 34-1　IPSec VPN 是在 WAN 上加密数据的好方法，但加密在云边缘终止，将数据留在云中

34.2　静态数据

如果企业有敏感或有价值的信息存储在云端，那么通过加密的方式安全地存储这些信息是极其重要的。如果 IT 部门遵循这一规则，对主机云网络内的数据进行加密，那么即使云提供商遭遇安全漏洞，甚至泄露了其存储的数据也没有关系。如果数据被加密，它将保持不可读。然而，这种安全性只适用于组织保留自己的加密密钥的情况（而不是将它们交给云提供商）。这是加密技术引发的第一个难题：谁保留加密密钥？

这种方式乍一看很容易实现：如果公司在将数据上传到云端之前对数据进行加密，公司也将保留控制权，并独自拥有密钥。然而，这有几个问题。例如，如果客户端对数据进行加密，然后将其存储在云存储内，那么只有已经拥有密钥的设备才能访问这些数据。这似乎是个好主意，但 IP 移动性和自带设备（BYOD）正在使从任何地点和任何设备访问数据的可用性要求成为常态。这些 BYOD 设备可能会（正当地）下载加密数据，但这将是无用的，因为这些设备很可能没有安装解密密钥。

对静止状态下的数据进行加密的另一个考虑因素是，加密后的客户数据对搜索、分类、审计/报告或其他常见的云管理功能是不可见的。这可能会影响云提供商的服务级别协议（SLA）或阻止其执行其他增值服务。不过这里的好处是，加密可以使数据免受大数据算法和提供商分析的窥探。

客户端加密（即客户端对数据进行加密并管理密钥）的替代方案是提供商端加密。在这种被 Microsoft、Google 等公司青睐的模式中，服务提供商负责对客户端的数据进行加密，并将管理解密密钥。这里的好处是，IP 移动性和 BYOD 设备可以下载解密后的数据，并且是可用的格式，而不必在移动设备上持有解密密钥。这对于经常在移动或使用中的数据来说，更加实用。缺点是用户必须将所有的信任放在云提供商身上，即相信其能确保数据和密钥的安全。

不过，将加密的责任放在云提供商上确实有其弊端。首先是用户让云提供商成为潜在的泄密源。不管是盗取数据的不良员工，还是迫使云提供商交出数据（和密钥）的联邦传票，这是真实存在的。当你把加密的数据和密钥都交给第三方时，从风险的角度来看，就等于根本没有对数据进行加密。

第二个考虑因素是，如果你把加密外包给云，那么提供商将会对服务进行收费。在这种情况下，提供商提供加密服务［加密即服务（EaaS）］，它们根据用户的使用情况向用户收取费用。因此，为了管理成本，用户必须确定哪些数据实际需要加密，哪些不需要。

虽然在所有数据上使用全面的泛在加密可能很方便（如果负担得起的话），但它不仅会直接影响应用性能，还可能影响其他云服务的集成。这是一个重要的考虑因素，因为开发人员正在使用构建块的方法来构建云应用程序，从而可以使用其他云服务提供商［平台即服务（PaaS）］的微服务和应用编程接口（API）来构建复杂的应用。因此，更有选择性和随意性的加密方法往往是更好的选择。

在决定加密哪些文件时，另一个重要因素是要确保遵守公司的安全策略。这不仅可以防止组织不得不从头开始分类和分类过程，而且还可以突出显示敏感文件，以及那些需要遵守的与业务相关的监管机构的内部和外部文件。

Automation - ready 加密是组织在考虑将哪些数据传递给提供商进行加密的时可以研究的另一种选择。通过这项技术，IT 部门对网络数据进行预分类，以确定其是否敏感和需要加密。当一个文件在运动中时，软件会分析数据包，并确定这些数据包在客户端离开网络时是否应该进行物理加密，或者仅仅是进行标记，这将允许云提供商在提供商端识别其要加密的数据。这种技术可以自动识别和分类网络内的敏感内容，并起到减小数据泄露的可能性。不过，这不仅仅是单击一个按钮，必须有人对什么是敏感数据的逻辑进行编程。

这里的一大要点是，当涉及云加密时，没有人会怀疑在云中加密静态和动态数据的重要性。真正的问题是谁来管理钥匙。

34.3 密钥管理

密钥管理不仅仅是一个云的问题，它也是 IT 管理员在传统网络中最重要的任务之一。有一点至关重要，需要确保密钥存储在与数据隔离的独立服务器上，最好是存储在独立的存储块上。IT 管理员还必须确保加密密钥已备份，并且备份存储在另一个安全的远程位置上。然而，IT 管理员要处理的真正问题是密钥刷新、证书撤销、密钥轮换和销毁（针对静态数据加密）。这是因为大多数密钥都会自动过期，然后必须以与历史数据和备份相匹配的方式进行存档。这对于一些时常需要访问加密存档数据的公司来说，是一个潜在的噩梦。如果密钥没有正确存储，那么访问这些数据将是一个痛苦而昂贵的过程。这在传统网络上已经够难的了，但自从数据上云以及云上大量数据爆炸式增长后，就需要一种不同的方法了。

用户应考虑让其服务提供商或第三方代理代表他们管理加密密钥，特别是如果他们在虚拟（IaaS）基础设施中托管移动应用程序及其生成的数据。

　　这一点的关键是，用户必须相信提供商比他们更擅长保护和管理密钥，而且他们和数据所有者一样，都是既得利益者，并将在保护数据方面表现出与数据所有者相同的努力。这一点很重要，因为云提供商并不像其他受监管的企业那样受到同样的法律约束。在云提供商遭遇重大数据泄露的情况下，监管当局将追究的不是云提供商，而是拥有数据的公司。如果用户的数据遭到破坏，即使用户将数据保存在另一家公司的云中，也很可能会受到很大的负面影响。关键在于，无论数据以何种方式存储或处理，用户都有责任保护其数据。

34.4　最佳做法

　　在云数据加密方面，有很多选择和注意事项。下面是一些最佳实践和最不推荐的做法，如图34-2所示。

　■ 使用经批准的算法和长随机密钥对数据进行加密以保护隐私。

　■ 在数据离开客户端网络之前，以及数据在网络中传输时，使用SSL/TLS或加密的VPN隧道对非网络应用进行加密。注意，并非所有的VPN都是加密的。

　■ 数据在传输过程中、静止时和使用时（在设备上）应保持加密。

　■ 云提供商及其工作人员永远不应直接访问解密密钥。

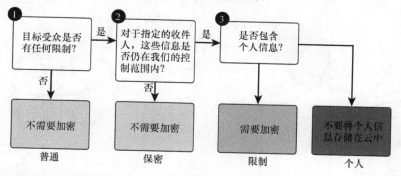

图34-2　并非所有数据都需要加密。公司应该有一些流程来确定哪些类型的数据需要额外的安全措施

　　请注意，最后的建议并不是说云提供商或第三方不应该代表用户管理密钥，只是说它们不应该能够看到密钥。

　　一般的规则是，敏感数据应在静止和传输中加密，而且只应在需要解密的时间点上解密，然后只能在内存空间受保护的瞬间处于明文状态。此外，在静态存储器、日志中不应该有密钥或明文数据的记录，也不应该写入硬盘或RAM缓存中。

　　运行IaaS的用户应该认真研究提供商端加密，因为它允许用户在应用程序及其数据在传输、使用和静止的情况下，更有效地管理提供商网络内的加密。对于只使用云存储进行备份和归档的客户端，维护客户端加密和密钥管理是没有问题的，因为它们只处理静态数据。然而，对于"belt - and - suspenders"方法，用户可能要考虑第三方密钥管理公司，请记住，虽然这将提供额外的保证，但也会增加一层额外的成本和复杂性。

加密

动态

对于基于web的应用程序，动态加密非常简单。这很好，因为SSL加密从web服务器一直到用户的浏览器的过程中，用户不需要做任何额外的设置

加密隧道非常适用于非基于web的传输，但请注意，加密隧道终止于云网关，这意味着你的传输在云中是明文的。如果这对你是一个问题，那么请不要使用第三方云

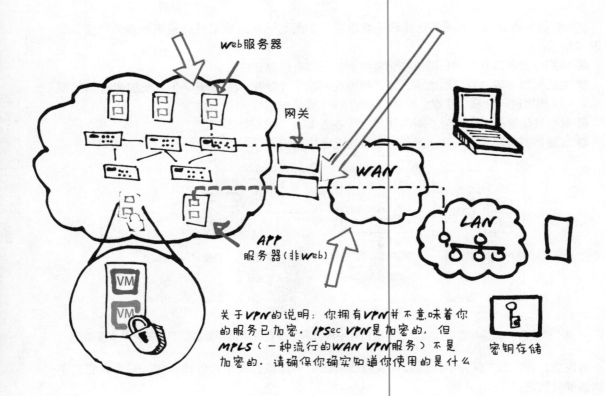

web服务器

网关

WAN

LAN

APP
服务器(非web)

密钥存储

关于VPN的说明：你拥有VPN并不意味着你的服务已加密。IPsec VPN是加密的，但MPLS（一种流行的WAN VPN服务）不是加密的。请确保你确实知道你使用的是什么

- - - 加密通信
━━ 未加密通信

静态

即使在第三方云中，加密也是非常简单的

加密的关键是确保你的密钥不会由存储加密数据的同一第三方存储或拥有，因为这会让你面临安全漏洞或其他令人讨厌的意外

第35章

旧貌换新颜

　　以下是一些技术人员使用的云的通用定义：云是一种大型计算资源，我们可以动态地将其作为虚拟化基础设施提供给客户端。你可以通过安全和管理控制来支持它，虽然不是最激动人心的定义，但它是正确的。这与20世纪70年代对大型计算机的描述非常相似。

35.1　我们是如何来到这里的

　　说到这里，我们来看看从20世纪70年代和80年代初主机的鼎盛时期，到40多年后的今天云计算模型的六种计算机模型。

1. 大型机模型

　　大型机是一种集中式的计算、存储和网络模式，它依赖于大规模的计算机和存储（当时的大规模比第一代iPhone的计算能力和存储容量还小，然而这些东西却装满了一个房间）。大型机是通过分布式的哑终端（称为绿屏，因为屏幕上有发光的绿色文字）来访问的，后来，出现了一小部分图形终端可以用来访问，但无论如何，处理能力的智能都驻扎在集中式大型机上。由于耗资巨大，大型机可以实现多租户，用主通过建立逻辑分区来租用虚拟大型机。每个分区本身就是一台大型机，有自己独立的计算、内存、存储和I/O。同时，运营商可以动态地配置主机分区，安全和管理是大型机设计的内在要求。

2. 个人计算机模型

　　20世纪80年代初，IBM公司交付了IBM个人计算机，这预示着个人计算机时代的到来。这些个人计算机逐渐取代了大型机终端，它们本身的功能很快就变得足够强大，可以支持大多数用户的计算需求。不久之后，它们的价格变得很实惠，以至于许多办公人员（甚至是那些只做文字处理的人）都有了自己的计算机。这是一种有意的从集中模式到分布式自主模式的转变。

3. 网络化模型

　　一旦大多数工作人员在工作中拥有一台个人计算机，就会发现有些资源最好是共享的，例如用于备份、打印和应用服务器的大容量存储设备，以及用于存储和与同事共享文件的文件服务器。解决办法是在局域网（LAN）上将个人计算机联网，并让用作服务器的大型计算机来托管共同的应用程序，并成为文件和数据的中央存储库。

4. 互联网模型

局域网很快就通过路由协议、路由器和广域网（WAN）与其他网络连接在一起，以共享信息并实现全球连接，互联网成为连接网络的网络。

5. 网格计算模型

这是另一种分布式模型，但只适用于非常专业的应用，这些应用需要通过让数台或数万台分布式计算机联网来协作和分担工作负载，从而实现功率和性能的聚合。

6. 云计算模型

这就是当今的资源共享模型，根据这种模型，大型服务提供商在按使用量收费的基础上，将其庞大网络的一部分提供给没有网络或只需短期使用额外资源的公司。用户使用基础设施即服务（IaaS）、软件即服务（SaaS）、平台即服务（PaaS），或两者的结合，使其能够利用提供商的规模经济，租用基础设施、开发平台或基于网络（共享）的应用程序，比他们自己购买更经济。提供商可以动态地提供计算、存储和网络中的资源，并只按用户使用的时间计费。此外，提供商可以动态地收缩和拉伸（弹性）资源，以满足客户对资源的需求，并在协议结束时自动收回资源。

35.2　我们学到了什么

从前面的描述来看，20 世纪 70 年代的大型机模型和今天的云计算模型似乎并没有太大的区别，它们似乎都是为同一个目的，尽管今天的技术要强大得多。但是，如果仔细观察，我们可以找到几个重要的区分点。

■ 大型机提供的资源和性能是有限的，而云计算提供的动力和容量几乎是无限的。

■ 大型机的终端是简单的键盘和屏幕输入/输出设备，与大型机进行交互，而如今客户端的输入设备是功能强大的 PC、笔记本计算机、智能手机和平板电脑，它们本身就可以处理信息和执行本地应用。

■ 大型机的控制器环境是其安全和管理的基础，通常情况下，大型机需要管理员为客户机提供计算能力，而云计算运行在基于 x86 的分布式架构上，其关键属性是云计算中的供应是自助服务。

■ 大型机运行在专门的、专有的硬件上，并使用专有的操作系统，这限制了可以建立的应用程序的类型，以及开发人员创新的步伐。

因此，我们可以看到，虽然这两种计算机范式之间有很多相似之处，但大型机实际上并不是私有云，甚至不是"盒中的云"，见表 35-1。尽管有这样的事实，现代大型机可以运行 Linux 操作系统和虚拟机，并且在过去 30 年中一直在处理虚拟化。大型机无法满足私有云的五个特征之一就是缺乏自助服务配置。

表 35-1　私有云与大型机的比较

特征	私有云	大型机
可扩展性（通过虚拟化实现高水平的利用）	是	否
无障碍（用户可以自行使用资源）	是	否
弹性（根据需求扩展和收缩资源）	是	是
共享（容量共享，工作负载多路复用）	是	是
计量消费（按使用量或资源量计费）	是	是

因此，即使看起来我们已经对计算机范式和体系结构进行了全面了解，但我们还没有做到将其作为云，今天的大型机还需要做一些工作，才能将其作为私有云。然而，这并不意味着像 IBM Z 系列之类的大型机就不能成为云硬件基础设施的一部分，它们当然可以成为云硬件基础设施的一部分，而且许多服务提供商和企业都在使用它们来构建私有云配置。

35.3　过去的安全考虑因素

在讨论云和大型机之间的差异时，有必要专门研究一下安全性。在很多方面，两者的区别既在于今天外部用户的数量，也在于你的很多个人生活和商业机密都存储在服务器上，而这些服务器是可以对外访问的。当然，这在 40 年前是不存在的。

但是，令人惊讶的是，现在最明显的威胁不是新的威胁，而是恶意广告、加密勒索软件和宏恶意软件，并且这是过去众所周知的威胁。这些旧的威胁已经被重新设计，以便成功对抗曾经识别和遏制它们的安全控制。

例如，不良广告（恶意广告——这是一个术语，指攻击者颠覆第三方广告服务器，向信任的合法网站提供恶意软件）通过使用新的漏洞利用工具包，针对零日漏洞进行报复性回归。尽管恶意广告和零日漏洞都不是新的威胁，而且不受控制，但使用最新的漏洞利用工具将它们组合在一起，可以为它们带来新的生存空间。

然而，当我们考虑到第三种威胁，即宏恶意软件的惊人回归时，加密勒索软件和恶意广告的重新出现就显得微不足道了。我们可以从中得到的一个教训是，威胁永远不会被完全消除，它们总是可以被重新评估、重新设计和重新利用，以适应新的技术和击败老化的安全设备。

如果我们认为先前被击败的三个威胁又成为现在的三大威胁，而战胜最先进的防火墙和防病毒保护则令人担忧，那么在云中补救这些威胁的方法是什么呢？答案似乎依赖于另一种同样古老的技术：日志记录。云现在具有实时聚合和分析日志的潜力，因此，与其尝试通过签名识别恶意文件（可以对其进行屏蔽或更改以使其在重新分类之前的短时间内生效），不如跟踪其行为异常。现在，我们可以使用大数据挖掘技术来实现此目的，以在云中生成的大量良好的老式事件日志中进行实时或足够近的分析，这样可以在发生漏洞时缩短响应时间。几年前，安全部门每天分析日志，以查找异常情况和恶意行为的证据，尽管这是通过手动方式完成的。现在，已经有了一种可以更高效，实时地解析日志（以及大量日志）的技术。

在云和虚拟化时代重新兴起的另一种安全技术是加密。IT 部门已经意识到云、多租户虚拟化平台和网络中存在的潜在隐私问题，并开始认真地对数据进行加密。现在 IT 部门认为加密技术是老牌的解决方案，但同时也是成功缓解现在移动应用、云和大数据带来的新威胁的关键。

35.4   移动和网络应用创意的重新利用

最后一个例子是在云中开发和交付的移动和网络应用程序，在这里，重拾失败的想法可以证明是有利可图的。仅仅因为一个想法在十年前被放弃（在云基础设施成为主流之前，新兴企业仍依赖传统网络），并不意味着它现在就无法使用。现在有了所有这些可扩展的资源以及近似无限的 CPU、存储和网络，它可能会做到。许多新的成功的移动和 Web 应用程序都是重新利用了五六年前的创意，当时的创意很棒，但当时还没有技术能实现它。云基础设施、IaaS 和 PaaS 已为开发软件的初创企业提供了基础设施和平台，使其在别人以前失败的地方获得成功。例如，被誉为一项重大举措的 Facebook 消息传递平台仅仅是许多公司在 20 世纪初试图实施的一个想法的变体。其他示例包括视频流产品 Meerkat 和 Periscope，它们是非常成功的应用程序，得益于云端部署、先进的手机和 4G 网络。不过早在 2007 年 Qik 和 Flixwagon 尝试相同的想法时，相应的技术条件还根本不成熟。别忘了 1998 年苹果公司的牛顿（Newton）掌上电脑遭遇的巨大失败，而 iPad 在 2010 年推出时却取得了巨大的成功。

当我们进入 SDN 虚拟化的新时代时，回收和重用就在我们身边，无论我们将其称为面向服务的架构（SOA）、虚拟化，还是简单的云计算，现在看起来都与过去没有太大不同。

数据中心的演变

早期的计算机都是房间大小的机器，所有的计算能力（有限的）都在数据室里

数据是通过一个"哑终端"来访问的，它所做的就是展示信息或接受按键命令

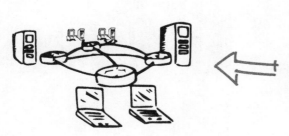 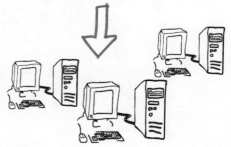

计算机网络将机器和人连接在一起，这是前所未有的，但现在服务器很难支持和管理

PC革命使每个人的办公桌上或桌下都有一台计算机，这样每个人都可以提高工作效率，但协作却很困难

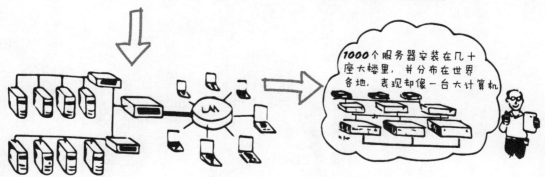

现代数据中心使软件的支持和控制变得更加容易，但数据中心变得非常大且效率很低

1000个服务器安装在几十座大楼里，并分布在世界各地，表现却像一台大计算机

虚拟数据中心现在是大量虚拟机的集合，用户可以从浏览器访问数据，而它们所做的只是推拉数据。这与旧的"哑终端"时代非常相似。在某种程度上，所有这些技术的进步已经全面发展

第9部分

可 见 性

第36章

覆盖网络

以前，人们只是在没有限定词的情况下谈论网络。但是，今天你通常会从覆盖网络或底层网络（尤其是数据中心和云）方面了解网络。在基于云的数据中心中，覆盖层充当位于物理基础设施（底层网络）之上的独立网络，但它们还提供了与其他虚拟资源一起配置和编排网络的方法。

所有这些听起来都像是软件定义网络（SDN）或网络虚拟化（NV），但你必须注意不要混淆术语，因为覆盖网络不一定是这些技术中的任何一种。例如，网络覆盖层可以简单地是使用虚拟链接在物理网络上构建的计算机或存储网络，并且对底层基础结构是透明的。虚拟局域网（VLAN）、通用路由加密（GRE）隧道和多协议标签交换（MPLS）等其他覆盖技术（既不是SDN 也不是 NV），这些隧道技术都是虚拟化的形式，因为它们将物理网络分割成更小的私有网段，看起来像自主网络。重要的是要理解术语"覆盖"是在现有（物理）网络上运行或覆盖的一组逻辑网络连接，而不是网络本身。覆盖可能有点用词不完全准确，它不是在基础网络之上构建的另一个网络，而是在现有基础结构上建立的一系列逻辑隧道。

36.1 MPLS：最初的虚拟网络

MPLS 与现代网络虚拟化的概念非常相似，因为它通过在客户边缘终端节点之间建立隧道（标签交换路径），有效地抽象了网络中的底层物理第二层和第三层路由器，从而抽象了底层物理网络的复杂性。这意味着，网络管理员不必配置从客户站点 A 到客户站点 B 的路径上的每个节点，只需要配置各自的隧道端点。此外，隧道还提供了流量隔离功能，如果管理员将 MPLS 配置为 L2 VPN，则有效地在客户站点之间建立了一条专线或 LAN。如图 36-1 所示，通过对流量进行标签化处理，可以将共享网络上不同用户或公司的流量进行逻辑隔离。网络根据标签制定转发规则。如果管理员愿意，他可以创建一个第三层 VPN——使用虚拟路由表和路由区分符。无论在哪种情况下，隧道都有利于对主干物理网络进行分割，提供独立的子网，以适应多租户和客户之间共享 IP 子网的使用。

然而，大规模网络虚拟化通过使用 SDN 来自动配置隧道覆盖层，使 MPLS 覆盖层更进一步。

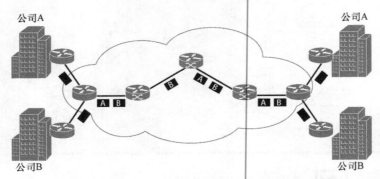

需要注意的是，MPLS只提供了逻辑上的分离，数据不受本机保护（加密）

图 36-1 在 MPLS 中，流量被贴上标签，然后根据这些标签来制定转发规则，
有效地对流量进行分割，使其成为"虚拟私有"

这在虚拟化服务器环境中是非常重要的，因为在虚拟化服务器环境中，虚拟机需要与位于数据中心内其他服务器上的虚拟机进行连接和通信。这一点的重要性在于，虚拟机要想执行其大多数高级和理想的功能，需要共享一个第二层交换广播域，如迁移性功能。虚拟机需要这种与第二层的邻接关系，以便它们可以通信或从一个服务器迁移到另一个服务器（同时仍处于活动状态），而无须更改虚拟机的 IP 地址。如果虚拟机想要重新定位到同一子网中的同一机架顶（TOR）交换机的服务器上，这是可行的。在这种情况下，服务器共享同一个第二层域。但是，如果要跨第三层物理网络与托管在另一台服务器上的虚拟机进行通信，或将虚拟机迁移到另一台服务器上，则需要管理员重新配置 VLAN、中继和第三层路由，这是不可行的。

36.2 虚拟第二层设计

解决这个问题的初步步骤是重新设计架构，使其成为一个扁平的第二层网络。这无疑将有助于虚拟机在服务器和机架之间进行东西通信，并消除任何阻碍虚拟机迁移性的障碍。不幸的是，这个计划存在一些根本性的问题。首先，公司不愿意重新设计数据中心，因为成本和风险都很高。其次，数据中心网络被设计成分层拓扑结构是有充分理由的。最主要的原因是，扁平的第二层网络在扩展方面存在很大问题。这是因为在数据层中，主机使用通过地址解析协议（ARP）广播获知的 MAC 地址进行通信，这种技术不能很好地扩展。当然，也有一些 VLAN 会将广播域划分为许多较小的可管理的广播域，这对于小型数据中心来说是可以的。但对于大型网络来说，VLAN 不是一种选择，因为 VLAN 最多只能容纳 4096 个实例（实际上通常要少得多），这在服务提供商级网络中是远远不够的。

第二层网络的另一个问题是，交换机需要记住 MAC 地址和交换机端口映射，这样它们就不必不断地将 ARP 请求广播到线路上。问题是在大规模网络中，这可能意味着数百万客户的 MAC 地址被存储在数据中心核心交换机上。

然而，扁平的第二层网络扩展性最大的一个问题就是环路。在设计第二层交换网络时，很容易无意中引入环路。由于以太网帧不携带存活时间（TTL）计数器，环路可能会导致交换网络的大规模中断。正因为如此，帧将不断地循环并倍增（非常快），从而导致所谓的"广播风暴"，最终将消耗所有可用带宽并使网络瘫痪（其可能在眨眼间发生）。现代交换机有减轻广播风暴影响的技术，管理员可以使用生成树协议等协议来防止网络中的环路，但这往往会出现治标不治本的情况。

　　当然，在考虑大规模数据中心时，这并不是一个实用的方法，因此，可使用传统的第二层、第三层分层网络，因为第三层具有出色的可伸缩性，并避免了生成树协议的麻烦（一种有效但效率低下的协议，用于防止第二层网络的环路）。因此，网络虚拟化又回到了通过物理底层第三层网络叠加第二层隧道网的老方法，如图 36-2 所示。单个虚拟机或物理交换机［如果它们安装了 VXLAN 隧道端点（VTEP）软件］可以作为隧道端点。通过现有的网络基础设施配置这些隧道，管理员可以在被第三层网络分隔的第二层子域之间提供连接。因此，虚拟机可以从一台服务器迁移到另一台服务器，就好像它们都驻扎在同一个平面的第二层网络上一样。另外，有一点很重要，那就是管理员创建、编辑或拆除的任何隧道对现有物理网络的配置没有任何影响。

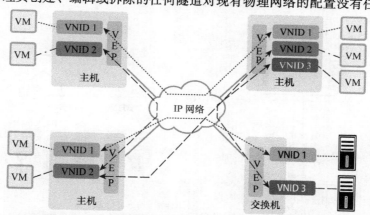

图 36-2　第二层隧道允许你在第三层（路由）网络上连接第二层（交换）域

36.3　进入 SDN

　　SDN 的作用在于，它可以根据需求动态地编排这些隧道的配置，从而减轻网络管理员的负担。这意味着，如果服务器 1 上的 VM1 – 192.168.1.50 想要与驻留在服务器 2 上的 VM2 – 172.16.10.1（在不同的第二层域中）进行通信，则 SDN 将按需配置隧道，VM1 和 VM2 就可以像共享同一个 vSwitch 一样进行通信。同样，如果 VM1 需要从服务器 1 迁移到数据中心另一部分的服务器 2，比如由于工作负载意外增加，或者服务器资源不足，它可以使用 VM 迁移性（vMotion）迁移到服务器 2，就像穿越一个共同的第二层局域网一样，但仍然保留原来的 IP 地址。

　　因此，在考虑大规模网络时，覆盖网络是非常重要的，因为它们通过提供第二层连接来缓解许多问题，而不管交换机或虚拟机的物理位置以及底层网络拓扑结构如何。覆盖协议使用封装技术将流量封装在 IP 包内，能够穿越网络中的第三层边界，从而消除了手动预配置 VLAN 和中继线的需求。此外，封装方法是透明的，是在幕后完成的，所以与应用无关。此外，覆盖技术消除了对底层物理网络配置的依赖，只要有 IP 连接，覆盖就能正常工作。

36.4 常用封装技术

覆盖的工作方式是通过对流量应用三种常见封装技术中的一种。三种常用的部署方法如下：
- 虚拟可扩展局域网（VXLAN）
- 单一生成树（SST）
- 使用通用路由封装的网络虚拟化（NVGRE）

VXLAN 和 NVGRE 的封装方法是对 VLAN 进行改进的基本技术，该技术是从 VLAN 的 12 位 VL 标记增加地址空间（允许最多 4096 个实例）到 24 位虚拟网络接口设备（VNID）（允许 1600 万个实例）。SST 使用更大的 32 位 VNID，它提供了一个巨大的潜在隧道实例池。如图 36-3 所示，这允许我们在单个物理网络上运行多个虚拟网络。

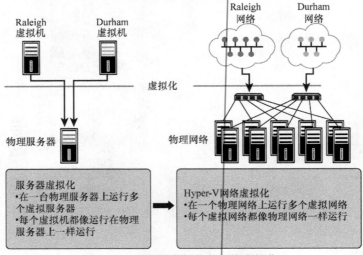

图 36-3　服务器虚拟化与网络虚拟化

隧道协议本身以类似的方式工作，因为该过程识别隧道端点并为它们分配该隧道唯一的虚拟网络 ID（VNID）。端点将属于虚拟网络，而不管它们驻留在底层物理网络上的什么位置。每个主机、虚拟机或交换机上的端点（由其 VNID 标识）在主机内连接到虚拟端点（VEP），即 vS-witch。其可以封装/解封其客户端虚拟网络（隧道）的流量。每个主机可以有一个或多个 VNID 在其上运行，并且分配给给定 VNID 的每个工作负载可以与同一 VNID 中的其他工作负载通信，同时保持与同一主机或其他主机上的其他 VNID 中的工作负载分离。

VEP 可以在虚拟化的 VM 环境中运行，但也可以在交换机等硬件中运行。因此，可以将服务器、交换机、防火墙和其他网络设备添加到虚拟网络覆盖中。此外，网络覆盖提供了对共享 IP 网络的多租户支持，并提供了当今服务提供商所需的灵活而快速的配置。通过使用覆盖，网络管理员可以确保添加、迁移和扩展应用程序以及服务，而无须手动配置底层网络基础设施。

覆盖网络

企业认为 *SDN* 有两个大问题：
1) 它们在当前的基础设施上有很多投资，希望将投资最大化
2) *SDN* 模糊了网络、*IT* 和存储之间的界限，那么谁来负责呢

覆盖网络是一个很好的解决方案，因为它们允许在现有的网络上实现许多 *SDN* 的好处

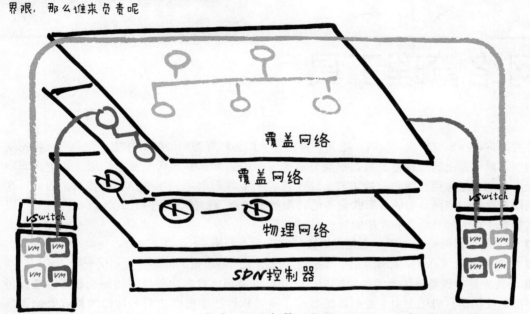

覆盖网络

覆盖网络

物理网络

SDN 控制器

vSwitch

vSwitch

VM VM VM VM

覆盖网络是通过创建隧道（通过 vSwitch 连接虚拟机）来创建的

许多 *SDN* 控制器都是预编程的，这使得在现有基础设施上设置覆盖网络变得很容易。你使用的控制器类型在很大程度上取决于你的需求和你的才能

选择哪个？

思科 *ACI*
当网络团队和 IT 团队之间存在明确分工时，以及当网络团队拥有思科基础设施的专业知识时，思科的应用程序中心基础设施(ACI)就非常适用了

VMware NSX
当网络专业知识有限或 *IT* 团队控制力比网络团队控制力更强时，*VMware NSX* 是个不错的选择

第**37**章

网络管理工具

你可以将软件定义网络（SDN）视为一种设计、构建和管理网络的新方法，它是通过将控制平面与网络内设备上的底层转发数据平面分离来实现的。为了使其真正发挥作用，并防止 SDN 成为众多自主网络应用程序和监控工具，SDN 将控制下放到集中的网络控制计算机。因此，这些控制器需要一种与网络中的分布式设备的转发数据平面通信的方法。此 SDN 设计设置通过以下方法实现了极大的灵活性和严格的管理控制：

■ 沿着最理想的路径（不一定是最短路径）转发数据流。

■ 将服务质量（QoS）策略应用于数据流，以决定网络流量的处理方式和优先级。

■ 为转发路径设备提供反馈控制机制，使其将自身当前状态的信息回传给控制器。这种将转发平面的反馈信息应用于中央控制器的做法，使得软件能够根据之前的行动结果有效地调整自己未来的决策。

SDN 的这些固有特性是 SDN 对网络工程师和设计人员如此具有吸引力的部分原因。通过拥有高水平的可编程控制能力，控制器可以对网络流量和数据如何在网络中流动以及如何跨网络流动做出智能决策，并且可以实时进行更改/优化。然而，拥有这些流量控制能力并不能否定实时流量监控的要求。如果有的话，可以说自动化系统需要更多而不是更少的监控和分析。

SDN 带来了对数据中心内网络设计、构建、管理和扩展方式的改进，同时引入了自动配置流程，以降低人为错误的风险。然而，其也有一个缺点。通过在 OSI 第四层～第七层抽象底层网络的应用和协议，SDN 实际上降低了网络对流量的可见性。管理员负责分析数据网络流量以确保虚拟和物理网络的安全、优化和故障排除，对于他们而言，拥有数据流的可视性至关重要。因此，对于网络管理员来说，他们及其网络和应用管理工具必须具有完全的网络透明度。

37.1 我们有哪些工具

对于网络管理员来说，要想管理、保护、优化网络流量，并保持与监管机构和法律的一致性，就要使用各种测试和监控工具：

- 网络分析仪
- 数据泄露预防（DLP）系统
- 入侵检测和预防系统（IDS 和 IPS）
- 网络安全、合规性和政策保证的工具
- 合法拦截监听
- 内容过滤应用
- 计算机取证分析和数据采集工具

网络管理员遇到的一个问题就是要跟上越来越快的网络速度。如今，许多数据中心都在全面运行 10Gbit/s 的链路，并使用 40/100Gbit/s 的聚合链路。随着网络速度的提高，以线速捕捉、检查、分析、平衡和过滤网络流量变得越来越困难。尤其是从预算的角度来看，网络管理员往往承受着巨大的压力，不仅要管理网络，还要在预算内完成，这种情况尤其困难。例如，当一个部门某年投资了一台 10G 分析仪，但第二年却发现网络运行到了 40G 的流量。企业通常希望这类设备能达到五年的使用年限。过度配置是一种解决方案，但在大多数流量仍为 10G 时，同样难以证明增加 40G 工具的成本是合理的。

37.2　监听

传统的网络监控设备与交换机的连接方式是通过使用在接入层或汇聚层交换机上的交换端口分析器（SPAN）的端口。这些端口是便捷的流量汇聚点，用于连接网络分析仪，以捕获所有通过相关交换机端口的流量。然后，网络分析仪可以对流量使用过滤器，通过使用 IP 地址（源和目的地）、VLAN、协议、TCP 标志或应用类型等众多过滤器中的一个来分离感兴趣的流量。这仍然是网络管理员在中小型企业（SMB）和企业级局域网网络中使用的一种方法，因为在排除网络流量问题时，这种方法部署起来方便快捷。然而，在 SDN 数据中心和云中，数据流量的可见性更加不透明，管理员使用测试接入点（TAP）被动收集来自特定端点的网络流量。

与其他网络捕获方法不同，如 SPAN 端口，SPAN 端口使用单根网络电缆连接到交换机上的端口，而 TAP 连接在两台交换机之间。TAP 设备通过一对电缆连接到每台交换机上相关端点的端口。网络流量的完整副本通过端点端口发送，同时经过 TAP 而不会中断线路上的流量。TAP 提供被动监控、数据访问和网络可见性，并可在数据中心线速高达 100Gbit/s 的情况下运行。数据中心环境中使用了几种类型的 TAP，它们的种类如下：

- 网络旁路 TAP：旁路 TAP 的目的是为在线网络监测或安全设备的连接提供一条防故障路径。如图 37-1 所示，通过提供一条单独的路径和克隆两个端点之间所有网络流量的副本，保护网络不受设备的任何服务中断的影响，如挂起、重启或连接失败。
- 聚合和再生 TAP：这些设备提供了一种安全便捷的方式来捕获然后重现网络流量，这些流量呈现在几个监控端口上。这使得网络监控器、分析器或安全设备能够同时拥有可见性和连接性，而不会对网络性能和吞吐量产生任何不利影响。
- 网络分支 TAP：这种类型的 TAP 用于数据中心监控，以被动方式收集和复制通过线路的 100% 的网络流量，其工作速度最高可达单向 100Gbit/s 或双向 40Gbit/s。

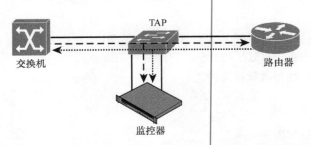

图 37-1　网络旁路 TAP 克隆流量，以便在不中断流量传输的情况下进行监控

使用 TAP 而不是传统的 SPAN 端口方法的好处是，将感兴趣的端口镜像到交换机上的 SPAN 端口，会带来真正的风险，即聚合的流量会淹没 SPAN 端口，导致数据丢失，从而导致分析不准确。

37.3　获得网络可见性

为了最大限度地利用部署 TAP 来监控网络流量，我们的目标是在虚拟化网络中创建一个网络可见性层，使监控设备对所有穿越网络的数据流完全透明。SDN 并没有取消这一要求，事实上，管理员仍然需要一种连接方式，并对虚拟网络和物理网络内发生的事情具有可见性，因此创建可见性层非常重要。

由于不确定通过网络数据包代理（NPB）将应用程序连接到网络的传统方法在虚拟化网络中是否有效，或者甚至不确定它们能否被虚拟化，所以出现了可见性层的概念。数据包代理的常规工作方式是它们控制流量的流动，并使其有可能捕获数据，以提供一种方法来连接 10/40/100Gbit/s 数据中心中的监控设备和应用程序，或是在"工具集"那里聚合并复制流量，以便所有工具在不影响性能的情况下看到所有流量，如图 37-2 所示。因此，人们对通过网络功能虚拟

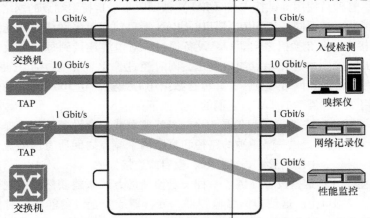

在不影响生产网络的情况下，随时将任何工具连接到任何链路

图 37-2　TAP 允许收集流量并将其发送到工具集进行监控

化（NFV）实现分组代理的虚拟化产生了兴趣。OpenFlow1.4 版本包括一个用例，即配置交换机以使其具有类似 NPB 的功能进行可行性/教程研究。如果该功能能够投入生产，将向虚拟化网络可见性迈出重要一步。

尽管 NPB 作为虚拟化网络功能（VNF）的适用性存在不确定性，但在 SDN 或虚拟化网络环境中，TAP 仍然是网络监控的基本和必要条件。这仅仅是因为 TAP 可以为监控和分析设备提供一个实时的、不间断的底层物理网络视图。此外，最重要的是，在 SDN 虚拟化环境中，TAP 为 SDN 控制器软件提供了全面的网络可见性手段。

当然，并不是所有的虚拟化网络都是 SDN，这里我们就遇到了传统网络监控系统（NMS）的另一个问题：虚拟覆盖网络。总的来说，虚拟覆盖网络实际上是通过底层物理网络提供的隧道实现的，因此要依赖底层网络进行 IP 连接。

我们了解了虚拟隧道端点（VTEP），并知道可以用实体来终止这些隧道，这些实体如虚拟机或通过固件启用 VTEP 的物理交换机。然而，在端点之间，我们不知道这些数据包在通往相应隧道端点的路上走的是什么路径。此外，使用传统的网络监控设备，我们看不到这些经过隧道的封装数据包。对监控软件来说，没有隧道，这些数据包看起来就像其他 IP 数据包一样。

除了网络监视器对隧道问题的可见性较差之外，在隧道端点处有时还存在更大的问题。这里的潜在问题是，旧的 hypervisor 有原始的软件 vNIC 和 vSwitch。这些软件不支持许多流量监控功能，这使得传统的网络监控器看不到虚拟机内到虚拟机的流量。这是因为虚拟机内到虚拟机的流量从未离开过主机物理服务器的内存，更不用说进入物理网络接口卡（NIC）上的网线了。此外，由于缺乏 SPAN 端口功能、VLAN 和服务质量（QoS），网络监控和流量分析也受到阻碍，这使得网络监控变得困难。较新版本的提供商 hypervisor 解决了这些遗留问题中的大部分，现在如果使用授权的企业版或新发布的开源版本的 hypervisor，你将拥有与现代的物理交换机相匹配的 vSwitch 流量管理功能、QoS、多 VLAN 和 SPAN。在第 39 章中将详细介绍这一主题。

然而，在深入研究 vSwitch 对 vSwitch 监控的复杂性之前，我们将在下一章探讨虚拟网络与网络监控高度相关的另一个方面：测量和满足客户或用户的体验质量（QoE）。

SDN 监控

随着数据中心内虚拟化流量的大量增长，提供商和客户在监控虚拟流量以进行应用、网络和安全分析时，面临着很大的挑战

虚拟监控解决方案提供了智能过滤技术，使感兴趣的虚拟机流量被选择、转发并交付给集中监控工具进行分析

网络数据包代理是（*NPB*）是收集和汇聚来自交换机端口或网络*TAP*的网络流量的网络设备

然后，*NPB*将这些流量进行拆分或复制，以便更有效地使用网络安全和性能工具

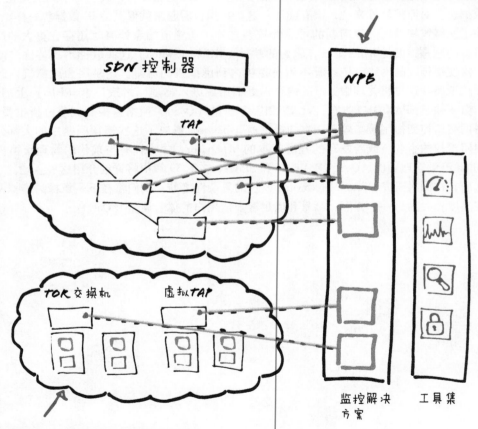

*TAP*和分路器被放置在整个网络的交换机端口上。虚拟*TAP*可用于虚拟机流量的可见性。这一点很关键，因为虚拟机到虚拟机的流量可能无法检测到

第38章

体 验 质 量

多年来，服务提供商一直在寻找提供令人满意的客户端的用户体验质量（QoE）的解决方案。客户服务的终极理想，即提供消费者认为应该得到的服务水平。向客户提供 QoE 可以减少客户的流失，提高提供商的声誉。尽管如此，与其他行业（如零售业和银行业）相比，许多提供商的网络服务或对客户的个性化服务未能提供令人满意的 QoE。出现这种情况的原因有很多，一是由于服务和应用的快速更替，二是虚拟网络覆盖在数据中心的凸显，使得虚拟网络和物理网络之间缺乏可见性。这种虚拟网络和物理网络的脱节，往往会使整个网络的监控和管理成为一个问题，从而缺乏对客户 QoE 的可见性。

尽管如此，在过去的几年里，虚拟网络设计已经在整个数据中心中泛滥，随之而来的是对通过虚拟接口和物理接口的流量进行监控的能力已经发展到了如今很高的程度，现在监控设备已经可以通过虚拟覆盖的数据流量进行监控，甚至可以将其与物理底层网络进行关联匹配。

虚拟化、云和移动性都是现代网络的主要主题。用户正在采用自带设备（BYOD）的工作方式，他们要求在任何地方、任何时间、任何设备上访问他们的应用和数据。问题是，今天的应用和数据也是移动的，它们可以在整个数据中心的服务器之间，甚至在全球范围内迁移。因此，在虚拟机迁移性推动 IT 发展的同时，也使得虚拟化 IT 数据网络的监控变得非常复杂。预测用户访问网络时的位置也几乎是不可能的，更无法预测用户访问时数据的位置。这意味着保证高 QoE 是非常困难的，肯定比几年前两端位置相对固定的时候要困难得多。

因此，在一个动态的虚拟化环境中，很难确定用户、应用程序或底层基础设施是否按要求运行。因此，监控整个网络的流量对于确定是否按照公司政策满足安全、合规和审计要求至关重要。同样，云计划正在改变 IT 及其消费者对计算、存储和连接的看法。

云和软件定义网络（SDN）改变了以往的前期业务资本支出（CAPEX）模式，即要求中小企业（SMB）或大企业进行前期资本投资来建设基础设施，而转向于一种新的业务驱动的运营支出（OPEX）模式（租用，而非建设/购买）。云计算还引入了一种新的技术模式，应用程序可以随着计算、存储和网络的弹性而增长或收缩，以满足实时需求。在这种模式下，应用程序或 SDN 控制器确定应用程序所需的可用资源，它们根据应用程序的动态容量需求按需增减。

尽管云部署使应用程序部署变得非常容易，但它也使得在没有预先容量规划的情况下调整资源以满足各个应用程序的需求变得非常简单。例如，在构建传统网络时，设计人员会根据每秒访问量、吞吐量、带宽、CPU 和存储等标准计算出应用程序的预期资源容量。随后，他们会在设计中加入这种能力，并且要考虑到开销。然而，移动应用程序和网络规模应用程序的出现意味着预测使用量是个问题。设计者可能会根据预期的使用量分配一定数量的资源，结果却发现该应用程序已经病毒式传播，使用量大大增加。在传统的应用部署中，突然满足这种流量的提升需要重新设计整个基础设施（即增加更多的 Web 服务器和负载均衡器）。但在云环境中，这种情况是不必要的。因为应用程序可以向网络索取它们所需的资源，资源的可用性会根据需求实时地收缩或增长。当然，这是以云提供商已经保证了容量为前提的。物理资源总是有一个上限的。

然而，这种网络灵活性也使得在应用程序的新容量需求满足时，监控流量变得非常具有挑战性，因为应用程序的新容量需求是通过在服务器上启动一个新的应用程序虚拟机实例或将虚拟机搬迁到不同的服务器上来实现的，这就是虚拟化的巨大好处，虚拟机及其应用可以启动或关闭，以满足应用程序不断变化的容量需求，而且这通常是动态、透明地完成的，不会造成任何服务损失。

更重要的是，托管应用程序的虚拟机可能需要迁移到其他物理服务器上，而这些服务器可以满足数据中心内应用程序的资源需求。这使得传统的网络监控系统（NMS）对客户流量的监控成为问题。原因在于，NMS 的传统设计是为了跟踪数据包、协议、子网和虚拟局域网（VLAN）等。告诉 NMS 在数据中心的不同服务器上跟踪 VLAN1 上的流量是没有问题的。例如，跟踪跨基础设施的多个通道和端点的 VLAN1 流量完全在其能力范围内。但是，要求它跟踪客户 A 的流量，而客户 A 可能是多租户的百万分之一，其流量可能分布在数据中心周围的许多虚拟机上，甚至是全球范围内，这就完全是另一回事了。

当然，虚拟化网络内部缺乏可见性和控制性，这就提出了一个问题，即目前现有的网络监控机制是否能够确定最终用户是否真正获得了良好的用户体验，以及应用程序是否按照预期的方式在运行。

问题在于，在虚拟化网络中，很难确定哪里存在潜在的转发问题。例如，虚拟隧道可能是在管理程序本身内部创建的，这就导致物理网络没有可见性，也不知道何时创建或拆除隧道。然而，如果我们想要监控客户的 QoE，我们需要知道这些事情。此外，要想获得客户的 QoE，需要有一种手段来分析网络中的流量和最佳路径。

38.1　深度数据包检测

那么，SDN 或虚拟化网络如何帮助实现 QoE 呢？

服务提供商一直以来都在寻求更好地洞察 IP 流量的方法，并能够将其与客户行为相关联，同时能够根据这些信息采取行动，以提高网络性能，降低带宽成本，控制拥塞，并提高客户的 QoE。这是服务提供商多年来的目标，而 SDN 和网络虚拟化有望助其实现这些目标。此外，还有一种合作技术比较有前景：深度数据包检测（DPI）。虽然这两种技术有所不同，但由于它们有相似的目标，因此可以协同工作。

DPI 和 SDN 是非常独立的技术，但它们寻求相同的目标，尽管方式不同。DPI 试图让网络感知应用，而网络虚拟化和 SDN 试图让应用感知网络。

部署 DPI 和任何相关客户流量跟踪技术的驱动力是服务提供商需要更好地了解 IP 流量模式和用户行为。从客户流量使用和行为模式中收集到的大量信息，它们具有巨大的经济价值。通过营销和销售，可以根据这些信息采取行动，以提高网络性能，将会减少用户流失，获得新的客户，降低带宽成本，控制拥塞，并提高用户的 QoE。

DPI 帮助提供商重新获得对网络的控制权，因为现在的网络主要是普通客户连接到互联网的接入网。这种情况发生的原因是，提供商正在努力摆脱被降为管道的命运，而在它们的网络上充斥着有竞争力的第三方应用程序和服务（这损害了它们自己的服务和产品）。通过对客户的数据流和使用模式进行深度挖掘分析，提供商可以实时识别出客户的使用和行为模式，从而识别出这些应用程序。然后，它们可以利用这些数据为客户提供更加以客户为中心的服务和产品，并对服务产品进行个性化定制。

在判断网络质量时，客户的 QoE 是一个主要的关键性能指标。虚拟化、SDN 和云部署，通过弹性和动态配置，提供了必要的技术，以提供现代网络和移动应用程序所需的灵活性、敏捷性和多租户安全性。

CAPEX与OPEX

为什么使用云租赁会更好

CAPEX： 它归属于你

OPEX： 随用随付

优点：
* 你拥有设备，并拥有完全的控制权
* 更严格的安全保障
* 根据你的需求定制

优点：
* 可以节省资金
* 你可以获得最新的技术
* 易于扩展（或收缩）
* 更大的组织灵活性

缺点：
* 你需要有人来管理它
* 你会被你购买的东西限制3年以上的时间
* 你会用掉大量的资金

缺点：
* 你是在一个共享的基础设施上
* 由于服务的远程性质，性能可能不理想
* 定制环境的能力有限

虽然拥有自己的设备有一定的优势，但"租用"是更好的，这是因为它的灵活性和性能

* 云提供商的业务拥有最新的、性能最好的技术，当你"租用"时，你可以更快地获得新技术
* 更好的网络提升了性能

第39章

监控虚拟交换机之间的流量

在服务器虚拟化的早期，数据中心中虚拟机的激增创建了扩展的网络访问层。该扩展是 hypervisor 具有自己的内置虚拟网络接口卡（vNIC）和虚拟交换机的结果。这些元素对于同一主机服务器中的虚拟机之间的通信是必不可少的，但它们确实存在一些缺点，例如网络可见性和管理性差。最初的虚拟交换机是原始软件桥，其被设计用来处理本地连接的虚拟机之间的通信。当然，从服务器和应用程序的角度来看，这些都是必需的。问题在于，传统的网络管理系统（NMS）无法看到虚拟机内部的流量（同一虚拟交换机上虚拟机之间的流量），因为这些交换机没有高级流量管理功能，无法进行流量分析、远程诊断和流量统计。更为复杂的是，hypervisor 和网络管理系统之间也没有通信方法。

除了这些流量管理的缺陷之外，还存在由谁负责虚拟机应用程序以及其网络元素的监控和管理的问题，因为这些软件网络交换机属于服务器团队的职责范围，但它们在执行网络功能。因此，出现了服务器团队不得不要求网络团队创建虚拟局域网（VLAN），以应用服务质量（QoS）策略，并为每个新虚拟机分配带宽的情况，这有点角色颠倒。这些资源一旦配置完毕，服务器团队在监控或管理有效的网络设备方面就没有其他的作用了。

39.1　获取虚拟机的可见性

幸运的是，VMware 公司提出了虚拟分发交换机（VDS），Microsoft 公司还发布了升级的 Hyper-V 虚拟交换机。由于流量不会出现在物理网卡上，因此以前这些流量对于网络管理系统（NMS）是不可见的，而这些升级的产品提供了虚拟机之间内部流量的可见性。但是，仍然存在一些未解决的流量管理问题。

此后 Cisco 和 VMware 公司发布了更高级的虚拟交换机（Nexus v1000），Nexus v1000 提供了之前缺少的功能，它扩展网络边缘到了 hypervisor。因此，虚拟交换机得以接近物理交换机。这些新型的虚拟交换机可以具有 SPAN 端口，并且可以通过 NMS 进行访问，从而为网络提供了所需的可见性和管理工具，此前的问题才得到解决。

优化流量可见性和管理问题的具体技术进步包括：

■ **分布式虚拟交换**：此技术将控制平面与转发数据平面分离，从而允许多个虚拟交换机通过集中式 NMS 或虚拟服务器管理系统、甚至物理交换机控制平面实现统一控制和管理。

■ **VM 和 DVS 之间的虚拟链接**：通过允许 hypervisor 将所有虚拟机切换到物理访问交换机的负载分流，使得 NMS 对流量具有完全的可见性和策略控制。

■ **虚拟网络接口**：这些为其他类型虚拟交换机的实现提供了支持，例如开源 vSwitch 项目，它与 XEN、XEN – Server、KVM 和 QEMU 兼容。

■ **边缘虚拟桥**：此技术基于虚拟以太网端口聚合器（VEPA），它通过 VEPA 将所有交换机流量转发到相邻的物理交换机上。如果目标虚拟机存在于同一服务器上，则 VEPA 会将流量返回到原始服务器，这种流量回转使物理交换机可以控制所有虚拟机的流量并获得对流量的可见性。

39.2　监控虚拟机之间的流量

如今，经过十年的创新，解决了虚拟交换机在可见性和流量管理方面的缺陷，虚拟交换机流量可见性问题已成为过去。但是，关于虚拟机之间的内部流量（即流经数据中心架构的流量）可见性和流量管理的问题还未能解决。

SDN 和 NV 通过抽象化底层网络设备第四层、第七层协议、服务和应用程序的复杂性，为网络带来了灵活性和敏捷性。通过将底层网络简化为概念性的第二层、第三层基础设施，它使覆盖层的理解更加简单，然后将配置复杂性控制在边缘节点中。网络就应该是这样的：边缘复杂而中间简单。此外，如你在上一章中所看到的，覆盖层是 SDN 或管理员手动设置的、使用隧道协议携带封装流量通过第三层网络的隧道，第三层网络承载的隧道协议有 VXLAN、NVGRE 和 SST。

这意味着你无须关心路径上的中间路由器，而是可以在覆盖层的边缘配置隧道的终端设备，这使得隧道的配置非常容易完成。但是，这之所以看起来简单，是因为我们现在考虑的是一个具有两个端点的理论隧道。实际上，拥有 200 或 300 台服务器和 1000 台或更多虚拟机的数据中心会拥有无数的隧道，这将在物理网络中创建一个纵横交错的复杂虚拟网络。

39.3　VXLAN 是如何工作的

要了解为什么，这可能是一个问题，我们必须简要了解一下这些封装协议（例如 VXLAN）是如何工作的。VXLAN 的工作方式是将数据帧封装在 UDP 中，在底层第三层网络边界上传输。此外，VXLAN 使用 UDP 源端口和目标端口来标识与每个隧道关联的数据包。问题在于隧道对物理网络来说是不可见的，因此网络管理系统只会看到 VXLAN 的单个 UDP 数据包似乎在网络上来回传输，彼此之间没有任何关联。换句话说，隧道及其数据实际上是不可见的。之所以如此，是因为网络只能看到 UDP 报头，而无法查看数据包以及查看来自 VXLAN 隧道内的虚拟机的通信。如果想要观测，可以考虑对每个虚拟机添加服务质量（QoS）策略。网络在做出 QoS 策略决策时只能看到 UDP 的外部报头，这意味着网络只能将 QoS 策略应用于整个隧道，而不能应用于虚拟机或其流量。

这在监控和管理虚拟网络时会出现问题，因为现在你实际上拥有两个网络：一个是物理的底层网络，另一个是虚拟的覆盖网络。这带来了另一个问题，因为物理网络和虚拟网络在概念上是分开的。如上一章所述，虚拟网络是由穿过物理网络中物理路由器的多条隧道组成的，它依赖于物理网络进行 IP 传输和连接。如果物理链路发生故障，使用该链路的隧道将失效，并且其虚拟机连接和相关流量将丢失。此外，除了隧道端点之外，物理网络和虚拟网络之间不存在明显的关联。同样，这是从一个简单的单个隧道的角度来看待问题，但不需要太多的想象力就可以看到这个问题在云编排环境中的规模，在这个环境中，可能会存在多个虚拟网络，其中包含成千上万的虚拟机以及其包含在单个隧道中的相关流量。

39.4　创建"可见性层"

很明显，使用虚拟网络和覆盖层提供所需的抽象，以简化整个数据中心虚拟机之间通信和迁移性的管理是有优势的。尽管如此，仍然存在严重的缺陷，在虚拟覆盖层提供给网络的可见性不足的情况下，明显缺乏对物理网络与虚拟网络之间相关性的了解。因此，如果要实现针对虚拟机配置和迁移的自动化和编排，虚拟网络和物理网络将需要在"可见性层"上进行集成。

可以通过多种方式将虚拟网络与物理网络集成在一起。一种能说明问题并提出解决方案的新颖方法是使用现有物理网络工具箱中快速检测链路故障的工具。该技术是让每个隧道端点在虚拟隧道中运行双向转发检测（BFD）。在虚拟层的每个端点，BFD 代理（在硬件和软件方面）都通过接收 BFD 应答消息来监测响应时间。这样它不仅可以确定链路的上/下行状态，还可以确定延迟，通过监控和记录时间戳和计数器来避免抖动和丢失。如果在 VXLAN 隧道上运行 BFD，则虚拟网络和物理网络的评估是作为一个集成的网络同时进行的。

其他虚拟和物理网络集成方法依赖于带外或带内监测。

■ **带外信令**：它依赖于外部实体，例如 SDN 控制器，该控制器以某种方式知道隧道状态，并可以为虚拟网络提供某种保证。要求控制器拥有底层物理网络中的每个节点，并能够对隧道的端到端路径进行编程。当然，控制器本身必须获悉网络行为的任何异常，因此将要求每个网络设备提供其自身当前状态和网络状况的反馈。在 SDN 中，这是一个反馈回路，控制器通过该回路指示设备执行操作，然后监控其反馈状态以确定该操作是否正确。

■ **带内信令**：如图 39-1 所示，在这种方法中，隧道端点通过隧道发送消息以寻找服务信

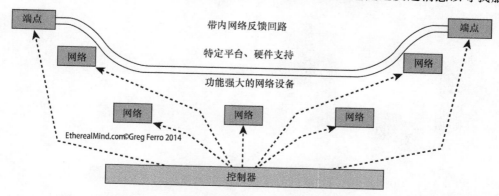

图 39-1　带内信令通过隧道端点发送消息来确定隧道的运行状况和性能

息。前面使用 BFD 的示例是带内信令的示例。此外，BFD 是一个很好的实例，因为在大多数现代数据中心级别的路由器中，BFD 协议都集成在硬件和软件中。因此，使用了 BFD，就不需要其他的协议或软件了。

有了用于监控隧道状态的解决方案后，下一步要考虑的是，你是否可以实际确定物理底层用于构建隧道的路径。

一种方法是在侦听模式下运行路由协议，从开放式最短路径优先（OSPF）状态数据库或边界网关协议（BGP）公告中收集信息，以构建拓扑的相应路由协议的网络视图表示。随后，对于程序员来说，首要任务是将隧道端点的 IP 地址映射到路由表条目中。

第10部分

愿　　景

第40章

整合在一起

虽然在很长一段时间内，传统的网络设计效果非常好，但事实证明，传统的网络设计并不适合为当今企业、云服务提供商和终端用户提供所需的应用性能和服务。一部分原因是网络中的移动设备流量激增，以及移动/Web 应用程序的普及激增的结果；另一部分原因是数据中心中的服务器虚拟化（这使云服务提供商以之前没有的规模提供计算、存储和网络服务）。所有这些挑战的最终结果是，业界不得不重新考虑网络。

40.1 为什么网络必须改变

企业和数据中心中的传统网络是在核心层、聚合层和接入层模型中基于分层交换机和路由器的层构建的。这种架构在支持客户端/服务器类型的应用程序中表现良好，在这些应用程序中，流量主要是南北向的（也就是说，流量是从客户端通过网络层流向服务器的）。然而，由于存在大量的服务器之间的通信，现代应用程序和数据流不再具有预测性或单向性（也就是说，一个典型的 Web 应用程序可能需要在 Web 服务器、其他应用服务器和其他几个相关的数据库服务器之间进行对话）。这种以东西向为主的流量在传统的网络拓扑结构下表现不佳。此外，服务器虚拟化还重新定义了数据中心的构建方式，它对计算和存储的配置、启动、管理和拆除的方式产生了深远的影响。企业、数据中心、云和通信服务提供商现在需要的是可编程、灵活、敏捷的网络。

软件定义网络通过共生的方式将一些关键的虚拟化技术组合在一起，从而实现了网络的可编程性、灵活性和敏捷性。这些技术要么是已经建立的，要么是深入的理论和实践研究的主题。这些关键的虚拟化元素如下：

- 服务器虚拟化
- 存储虚拟化
- 网络虚拟化
- 网络功能虚拟化

■ 虚拟网络管理

■ 编排

SDN 将所有这些虚拟化技术集中在一起，以提供适合现在的应用程序和服务需求的可编程网络。企业数据中心中的服务器和存储虚拟化（尽管不是 SDN 体系结构中的）是促成因素，因为它们不仅将虚拟化确立为可靠的替代方案，而且是用于解决许多数据中心设计问题的高性能和高效益的解决方案。

这就是服务器和存储虚拟化的成功之处，因为它兑现了遏制服务器蔓延，减少资本支出和运营支出的承诺，同时减少了服务器配置和应用程序部署时间，几乎立即被企业和服务提供商的数据中心采用。

尽管服务器和存储虚拟化不是 SDN 的一部分，但它们在网络虚拟化中发挥了重要作用，网络虚拟化是 SDN 的另一项关键技术。服务器和存储虚拟化受到了管理员的热捧，但是他们感到沮丧的是，服务器和存储虚拟化的许多高级功能由于静态网络的原因而无法使用。诸如动态资源调配和虚拟机迁移性之类的功能是我们所需要的，但这需要灵活和动态的网络重配置，而传统的网络设计则无法实现。然后，网络虚拟化成为关注的焦点。人们认为，静态网络正在抑制服务器和存储虚拟化的潜力。因此，开发了网络虚拟化来支持虚拟机迁移性和其他虚拟机功能（通常要求它们共享第二层广播域）。正如你之前所看到的，这在传统的第二层、第三层分层网络上产生了几个问题，所以提出的解决方案集中在封装和隧道上，或者在产生的大规模的主干第二层结构上。无论哪种方式，这都带来了一个问题，因为需要 VLAN 来支持多租户并提供（非常小的）安全措施。这里的问题是，在生产网络上手动配置、维护和管理数千个 VLAN 是不可行的。

但是，SDN 可以动态配置所有这些隧道，无论是 VLAN 还是 VXLAN。此外，SDN 可以按需实例化，管理和拆除隧道，这是网络管理员无法手动管理的事情。

因此，SDN 可与服务器、存储和网络虚拟化协同工作，为企业、数据中心以及云和通信提供商网络提供可编程、灵活且敏捷的网络。此外，SDN 还利用了另一个类似概念的网络架构，即网络功能虚拟化（NFV）。

40.2　SDN 和 NFV 如何联系在一起

SDN 和 NFV 具有相似的目的——即简化网络。但是，它们以不同的方式完成任务。SDN 使用了从网络设备、交换机和路由器的转发（数据）层中抽象出控制层的概念，可以将控制和管理功能集中在专用软件控制器中。相反，NFV 从底层硬件中抽象出网络设备中的网络功能，并创建每个功能的软件实例，这些实例可以在虚拟机中使用，也可以作为非虚拟服务器上的应用程序使用。因此，两种简化网络的方法有很大的不同，但也很兼容。因此，SDN 和 NFV 经常一起使用，以最大限度地发挥彼此的潜力，提供一个简化但可编程的网络。

表 40-1 显示了 SDN 和 NFV 在许多方面的比较情况。重要的是要明白这两种技术是不同的，并且它们用于不同的事物。但是，它们是相辅相成的。

表 40-1 SDN 和 NFV 在许多方面的比较情况

	软件定义网络（SDN）	网络功能虚拟化（NFV）
基本概念	控制和数据分开的、集中式控制并可编程的网络	将网络功能从专用设备转移到通用服务器
目标定位	园区、数据中心、云	服务提供商网络
目标设备	商用服务器和交换机	商用服务器和交换机
初始的应用程序	云编排和网络	路由器、防火墙、网关、CDN、WAN 加速器、SLA 保证
新通信协议	OpenFlow	无
规范化	开放网络基金会（ONF）	ETSI NFV 工作组

SDN 和 NFV 可以很好地协同工作，因为尽管 NFV 可以在完全非虚拟化的环境中运行［例如，通过获取网络功能（如防火墙）的软件版本，然后将该防火墙的实例作为应用程序安装到商用服务器上，这是一个 NFV 的简单但准确的示例］。但是，在虚拟化环境中，NFV 要求对底层网络进行虚拟化以最大化其自身的功能。这意味着 NFV 可以通过使用虚拟网络覆盖而受益。通过使用客户隧道的概念，NFV 可以在隧道内安装网络功能实例。这比将功能集中或放置在主要流量汇聚点以及大量过度配置带宽和网卡以适应组合吞吐量要优雅得多。相反，可以在每个客户的单个隧道上实例化和管理网络功能。此外，如果 NFV 与 SDN 一起以动态方式配置这些隧道，SDN 可以确保客户的流量始终通过网络功能进行路由，无论这些功能部署在网络的哪个位置。SDN 和 NFV 可以紧密协作以提供设备和服务，并支持适当的网络功能，同时能在多租户环境中动态控制和协调每个客户端/服务端的网络流量。

40.3 SDN 的缺点：可见性的缺失

尽管 SDN 在灵活性和敏捷性方面为现代网络带来了很多好处，但它仍然存在一个主要缺点，这体现在缺乏网络管理可见性。当数据中心中的常规网络使用 hypervisor 和 vSwitch 技术推出服务器和存储虚拟化时，会出现一个灰色区域，即接入层的无形扩展，从而阻止了传统的网络管理系统监控虚拟机到虚拟机的通信。hypervisor 和 vSwitch 技术的改进解决了这些问题，但整个网络的可见性仍然存在问题。毕竟，传统的网络管理系统（NMS）看不到隧道，只有隧道端点可见，因此封装并通过隧道传输的数据包将被视为遍历网络的单个数据包。一个隧道可能是在共同的端点之间传递来自许多客户的数据包。但是，SDN 可以跟踪单个客户的流量，并且如果未收到资源的授权服务级别协议（SLA），它可以识别并重新路由单个客户的流量。此外，具有整个网络全局视图的 SDN 从支持 SDN 的网络设备中接收有关其状态的反馈，并且它可以确定每个流量流的状态，并动态调整流量。因此，SDN 尽管可以从软件定义虚拟网络中抽象出底层物理网络的复杂性，但它确实在与现代 NMS 协作，以提供所需的信息来了解流量流过物理网络的路径。

40.4　SDN 编排

SDN 可以动态调整流量以满足 SLA 或故障条件，这需要较高的控制和保证水平。例如，SDN 控制器要么自动控制每个业务流，要么将状态传递给更高的应用程序以确定要采取的操作。这种将相关网络数据传递给更高级别应用程序的能力允许该应用程序实时控制其自身 SLA 需求的交付。这种控制级别称为编排，它允许应用程序实时执行策略和性能标准，而这在常规网络体系结构中是不可行的。编排是 SDN 体系结构中的关键元素，因为它允许建立特定于域的策略和规则，并为 SDN 控制器维护 SLA 标准（例如增加带宽）提供了建议方法，以便它可以应用于底层网络设备。

SDN 要对同时运行的多个应用程序具有动态控制和服务灵活性，而这些应用程序可能需要不同的网络条件，因此编排非常重要。每个应用程序都可以与编排器交互以请求自己的环境条件，然后编排器的工作就是管理控制器，以便通过控制器对物理网络中底层 SDN 设备的操作来满足服务要求。这里的关键点是，编排器可以在不更改物理网络拓扑的情况下操纵虚拟网络的条件。因此，对一个应用程序进行的任何更改都不会对其他应用程序造成不利影响。此外，可能存在编排器的层次结构（即编排器的编排器），这在诸如电信网络等多域网络中必不可少，该网络将支持许多不同的服务、固定线路、移动数据（2G、3G、4G）、IPTV、VDO、WI – FI 等。每个单独的服务由于其自身的复杂性，都将需要其自己的专业编排器。考虑创建一个可以切实控制所有这些不同领域的编排器是不切实际的。但是，SDN 可以容纳每个领域的每个单独的编排器，并可以由一个主编排器来管理整个网络。

SDN 作为一种架构，关注的是将网络交换机或路由器的控制（智能）层从其转发层中抽象出来，并将该智能集中起来，使其能够对整个网络进行展望和控制。然而，正如你所看到的，SDN 与许多虚拟化技术一起工作，为企业、数据中心或云和通信服务提供商的网络带来了实用性以及可编程性、灵活性和敏捷性。

本章重点介绍所有虚拟化技术如何协同工作以交付 SDN 网络。但是，这对大多数企业或服务提供商有什么实际用途呢？是的，很明显，SDN 提供了可编程性，但是可编程性、灵活性和敏捷性可以在现实世界中解决哪些问题，或带来哪些好处呢？下一章将试图回答这个问题。

第41章

SDN和NFV将如何影响你

软件定义网络（SDN）和网络功能虚拟化（NFV）推出以来的短短几年中，已获得近乎普遍的共识、好评和认可，并且是现代网络设计向前发展的主要理论概念。然而，有趣的是，SDN架构及其实际部署方法，并没有与网络设备提供商达成共识。一些主要的网络设备提供商同意SDN的原则，但希望采用一种分布式体系结构，即智能保留在网络设备上，并且可以通过提供商的应用程序编程接口（API）由集中式编排器控制。鉴于其智能网络设备产生的收入，这个要求不足为奇。其他人则强烈反对这种方法，他们认为这只会加剧提供商锁定的风险。因此，他们要求任何SDN架构都应与提供商无关，并且与网络无关。随后，由于意见分歧，目前尚无发展方向，业界也没有就如何部署SDN达成共识。因此，尽管人们几乎一致同意SDN是一条可行的道路，但SDN的采用在企业数据中心却停滞不前。但是，云和通信服务提供商对SDN和NFV的处理方式并非如此。实际上，无论有没有提供商的支持，它们都一直在积极研究，试验和运行概念验证版本。

与企业网络和数据中心中犹豫不决的同行相比，云计算和服务提供商对部署SDN和NFV充满了积极性和动力，这并不是因为它们愿意接受比企业同行更高的风险。云计算和服务提供商通常比企业更不愿承担风险，它们在这个问题上领先的原因是，它们看到了SDN和NFV的巨大前景和潜力。既能赚钱，又能省钱，而且是很多很多钱。这并不是一件坏事，事实上，这对每个人都有好处。云计算和服务提供商已经认识到，SDN和NFV可以解决许多长期存在的运营问题（这将使每个人付出更多的代价），并且意识到它们最终可能解决许多运营或财务问题，这是一个很好的机会，不应该坐等提供商的路线图。

正是由于期望的最终产品的潜在实现所导致的主动性上的差异，使得SDN和NFV的采用和创新在云和服务提供商网络中不断发展，而在企业中却停滞不前。那么，云和服务提供商发现有哪些用例适合SDN和NFV网络呢？

41.1　运营领域

通信服务提供商已经注意到了几个值得关注的领域，它们认为 SDN 网络将为长期存在的供应业务问题提供一个令人满意的解决方案。此外，运营商和服务提供商还看到了改善其运营领域的可能性，如新的业务服务和收入流，减少资本支出（CAPEX）和运营支出（OPEX），以及简化日益复杂的网络层。这些运营领域如下。

1. 移动虚拟化

移动互联网数据流量越来越大，移动端对移动端的流量增加了不可预知的流量模式。对于需要数据网络的移动运营商来说，分组核心网和千兆局域网（GiLAN）的虚拟化目前是最重要的，其可以灵活地满足动态流量需求。

2. 虚拟 CPE 和服务链

管理用户处所设备（CPE）是一项重要的运营负担，而"Truck Rolls"的成本是主要的支出。两者都可能并且确实妨碍了服务提供商推出新服务的能力。如果运营商可以为 vCPE 架构交付 CPE 服务，从而利用云计算（而非物理 CPE）为网络功能提供服务，则可以节省大量的运营支出。

3. NFV 和服务编排

部署虚拟 CPE（vCPE）的服务提供商正在通过在混合的物理/虚拟环境中托管其服务和网络功能来寻求运营改进。编排将虚拟和物理网络功能结合在一起，以便运营可以充分利用 vCPE 并提高最终用户的体验质量。

4. 广域网优化与创新

运营商需要一个跨越不同传输层和 IP 网络层的整体视图，以实现更大的优化，从而改善流量工程。动态带宽优化比传统的静态配置广域网链路的方法更高效、更便宜。SDN 控制器可以动态地应用策略来改善客户体验，而不会过度配置带宽。

5. 网络优化

如今运行的网络是多年演进的结果。因此，它们是复杂的，具有支持多种服务和协议的多个层。此外，这种复杂性是有代价的。SDN 和 NFV 的目的是创建更简单的网络，以节省更多成本并使 WAN 更加专注于服务和客户体验。

6. 策略驱动的应用程序供应和交付

成功开发和交付内部服务和应用程序是现代服务提供商的竞争优势。将手动配置、易于出错的供应、应用程序供应和交付流程调整为动态、自动化、策略驱动的流程可以节省大量成本。通过 SDN 编排进行的自动配置可带来更快的交付速度，更可靠和一致的产品，并在安全合规性和最终客户体验方面进行了改进。

41.2　SDN 用例

与云和服务提供商相反，在采用 SDN 和 NFV 时，企业和数据中心看到的收益要小得多。但是，在企业和数据中心内，仍然存在 SDN 的几个用例，如下所示。

1. 网络接入控制

当用户/设备从园区的不同区域进行连接时，网络接入控制（NAC）将对其进行跟踪，并应用正确的策略、服务链、服务质量（QoS）和访问控制限制。

2. 网络虚拟化

网络虚拟化（NV）在物理网络之上创建虚拟网络覆盖，从而允许大量的多租户网络在可以跨越数据中心多个机架的物理底层网络上同时安全地运行。

3. 数据中心优化

SDN 和 NFV 检测数据流量的亲和性或特征，并通过动态网络配置来协调工作负载，从而优化网络并提高应用程序性能。通过根据亲和性调整流量，数据中心优化（DCO）因此管理和优化了整个网络中的"老鼠流/大象流"（mice/elephant flows）。

4. 直接互联

SDN 的这一应用在各个地点之间建立了动态的链接（如企业及其数据中心，或分支机构），以及动态地对这些链接应用适当的 QoS 和带宽分配。

41.3　拥抱 SDN 和 NFV

尽管这些用例带来了急需的灵活性和运营优化，尤其是在如今的大数据时代，但这还不足以说服企业和数据中心集体采用 SDN。许多企业和数据中心管理者所做的工作是一个很棒的概念。这是一个绝妙的主意，但尚无明确的方法可以安全地从现在的位置（静态网络）转移到它们想要的位置（动态、灵活和敏捷的网络），因此出于规避风险的考虑，许多企业认为至少目前来说，这样做会带来更多的麻烦。

在许多行业，这可能是一个明智的决定（你不会因为这是最新的趋势，就大费周章，花大价，冒着风险重组网络，重新培训员工。所以必须要有一个明确的最终结果，让这一切都值得）。因此，无论是传统行业还是高度监管行业的企业（如制造业、医疗保健和制药业），它们可能拥有运行定制应用的面向服务应用（SOA）网络的基础设施，这些应用已经为它们服务了几十年，不过它们不太可能在短期内从 SDN 和 NFV 中受益。

但是，银行、保险和金融服务等行业是采用 SDN 和 NFV 的主要候选者，因为它们的数据中心正经历着巨大的增长，以适应过去几年中数据的爆炸式增长。因此，如果你属于这些行业之一，则 SDN 和 NFV 将成为议程中的头等大事，大规模变革即将到来。其他中小型和大型公司可能会发现，向 SDN 迁移的动机是一个机会。通过将它们的 IT 业务和机房迁移到云端，就可以跳过重组的考验，从而通过代理获得 SDN。

云提供商肯定会接受 SDN 和 NFV 创新，因为它们的整个技术方法在很大程度上依赖于具有灵活性和敏捷性的弹性网络，并具有对大型多租户域的内在支持。SDN 和 NFV 提供了创建高弹性网络资源的技术，从而有助于快速提供服务。通过提供企业所需的工具、安全性和多租户支持，越来越多的人将获得将数据迁移到云端的信心。此外，随着越来越多的中小型企业（SME）

客户认识到通过将传统数据中心迁移到云中可以节省成本和运营费用，基础设施即服务（IaaS）的云提供商将会从中受益。这种将数据中心外包到云端的重要转变，将证明对所有相关方来说都是非常有利可图和具有经济效益的。同样，软件开发公司和企业开发业务也将接受平台即服务（PaaS），因为使用云平台、应用程序编程接口（API）和微服务比托管自己的开发平台、测试台和工具更便宜、更有效。

尽管拥有所有这些优势和业务服务方面的改进，但 SDN 可能并非对每个人都是好消息。毕竟，降低 OPEX 通常指向一件事：提高效率，这会导致缩减规模。这将是中短期内变化的关键领域之一，因为我们看到大中型企业正在关闭数据中心，并将其应用和数据迁移到云端。因此，接下来可能会出现网络支持和数据中心的工作岗位流失。然而，随着工作岗位向其他业务转移，可能会出现新的机会（例如，你可以预期会有更多的云和网络提供商进入市场）。同样，维护那些幸存下来的数据中心所需的人力也会减少，因为不再需要大量熟练的技术人员，网络管理员和其他数据中心支持人员也是如此。因此，尽管 SDN、云计算、运营商和服务提供商的未来看起来非常光明，但对于网络工程师和管理员来说，至少在短期内可能是一个麻烦的时期。不过，从更广泛的意义上来说，这个消息是相当积极的。

为什么云网络很重要

能源

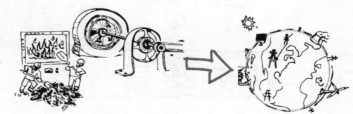

1879年发明了第一个灯泡，标志着电灯时代的到来

但自己发电既昂贵又有限

直到电网建立起来，电力才被普遍使用

电话

1876年发明的电话也发生了类似的事情

多年来，所有呼叫都必须直接连接，这限制了扩展和实用性

全球电话系统和自动切换系统的建立，才使电话被广泛使用

计算

虚拟化计算正在经历类似的演变。它已经出现了一段时间，但它的实用性范围有限，而且只适用于大型组织

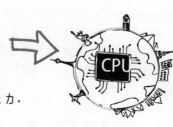

云网络使每个人都能获得这种计算能力。我们认为这将带来深远的好处

第42章

下一代网络是什么

上一章讨论了软件定义网络（SDN）和网络功能虚拟化（NFV）的主要用例，以及它们是如何影响我们的，无论是对用户、中小型企业（SME）、企业数据中心、运营商或云服务提供商。你看到运营商、云和通信服务提供商（CSP）由于一系列的用例而成为 SDN 和 NFV 的推动者。目前，各行业、企业和数据中心的焦点是 SDN，但你很快就会看到焦点更多地转向了 NFV，因为它为运营商、云和 CSP 市场提供了动力。

42.1　独立但互补

独立但互补的 SDN 和 NFV 是单独的技术，由于它们是高度互补的技术，因此经常一起使用。但是，NFV 不需要 SDN 甚至虚拟化环境即可运行，它可以自主运行。尽管如此，NFV 通常与 SDN 配对，就好像它们之间是紧密耦合甚至相互依赖的一样。当然，这还不是全部，但事实是，NFV 必须支持动态灵活的网络，例如 SDN 提供的网络类型，以便在任何自动化系统中有效运行。因此，尽管目前我们知道 SDN 和 NFV 是彼此独立但又互为补充的，并且随着它们的活动和目标变得密不可分，它们的联系在将来会越来越紧密。

自 2014 年以来，在欧洲电信标准组织（ETSI）的大力支持下，NFV 受到了广泛关注，并且可能已取代 SDN 和万物云成为网络中最热门的话题。这可以归因于三件事：ETSI 的兴趣和赞助，运营商和服务提供商对 ETSI 提议的 NFV 用例的兴趣，以及企业和数据中心对 SDN 的兴趣的减弱。碰巧的是，恰好在厂商和企业继续为 SDN 的共识而奋斗的时候，NFV 正朝着相反的方向前进。在运营商、云计算和 CSP 社区的巨大兴趣的推动下，NFV 正在全球各地的实际项目中进行测试和试验。这些从 2014 年到现在进行的 NFV 解决实际问题的试验和概念验证，将决定网络在未来几年的发展方向。

42.2　虚拟用户处所设备

一个重要的概念证明是测试虚拟用户处所设备（vCPE）的可行性。vCPE 试验的重要性在于，这是一个真实的测试案例，说明了 NFV 如何在异构网络环境中进行大规模部署。vCPE 的概念是基本的 NFV，这使其成为测试的理想技术。简而言之，vCPE 是物理 CPE 的虚拟实例，它部署在客户的房屋中，或者对于居民客户，位于其住所中。这个想法是虚拟化 CPE 并删除/绕过包含物理 CPE 上集成网络功能的控制平面功能。这将仅保留转发平面的机制，因为需要它们在外部和内部连接端口之间切换数据包。然后，物理 CPE 上绕过的功能被虚拟化为软件实例、防火墙、负载均衡器、动态主机配置协议（DHCP）、域名系统（DNS）等，这些虚拟化位于提供商自己网络中的商用服务器或虚拟机上。

这种设置的优点是，通过从客户域中删除所有现有的网络功能并将它们置于提供商域中的正常位置，可以大大减少服务呼叫和随后的上门服务的次数。请记住，每个用户的上门服务估计会使服务提供商每次花费 200 ~ 500 美元。这可能看起来不是很多，但如果你考虑到一个拥有 200 万用户的小型提供商，这将会增加每年相当大的运营费用。此外，还有一个好处是降低客户故障呼叫，增加客户支持代表（CSR）的首次呼叫解决方案，随后提高客户满意度，从而减少客户流失。此外，NFV 带来的不仅仅是简单的运营费用的减少，它使运营部门彻底改变了向客户提供和交付服务的方式。

由于 NFV，本来需要数月才能完成的服务部署和激活已在几分钟之内完成。这是通过避免向客户的物理 CPE 提供上门服务、固件升级服务时所需要的创建、测试和部署周期来实现的。取而代之的是，通过操作员单击几下鼠标，即可在 vCPE 上部署新服务。例如，在客户位于中心的 vCPE 上为防火墙网络功能提供新的防火墙实例。因此，NFV 提供了一种快速服务和部署应用程序的方法，使用服务策略进行自动供应，并通过直接连接的应用程序编程接口（API）与提供商的运营系统支持/业务支持系统（OSS/BSS）进行紧密协调和集成。对客户来说，vCPE 也有好处，他们不仅得到了更好、更及时的故障/修复解决方案，而且现在他们还得到了集中式自助服务门户的额外好处，在这个门户中，他们可以注册设备、订购服务、配置安全和设置家长控制策略，这些策略可以在网络上跟踪设备，而不仅仅是在家里。

由于 NFV 作为 vCPE 的成功试验，以及在随后的一系列用例中，已经明显地看出虚拟化肯定是会持续下去的，未来执行的策略看起来很可能会遵循"将一切可以虚拟的东西都虚拟出来，并将其托管在云端"的政策。

1. SDN 和 NFV 协作

尽管虚拟化在计算、存储、网络和现在的网络功能等方面都取得了许多成功，但是如果没有 SDN 和编排，虚拟化仍然会受到限制。NFV 在其体系结构中拥有自己的编排模块，使其具有一定的自治性，同时当与弹性、灵活、敏捷的 SDN 网络和共享编排器结合使用时，NFV 仍然可以很好地运行。

并非所有人都同意 SDN 和 NFV 同样重要。但是，他们确实认识到 SDN 的重要贡献。ETSI 认为 NFV 和 SDN 可以在未来的部署方案中相互补充的一些方式包括：

■ SDN 控制器很好地契合了 NFV 基础设施（NFVI）架构中网络控制器这一更广泛的概念。

■ SDN 可以在编排物理和虚拟的 NFVI 资源方面发挥重要作用，从而实现诸如供应、网络连接配置和带宽分配等功能，并可以在协调操作、流程、监控、安全性的自动化、策略控制中发挥重要作用。

■ SDN 可以提供支持多租户 NFVI 所需的网络虚拟化。

■ SDN 控制器本身可以虚拟化，并作为虚拟网络功能（VNF）运行，可能作为包括其他网络功能的服务链的一部分。例如，最初为在 SDN 控制器上运行而开发的应用和服务可以作为服务链中的独立网络功能来实施。

鉴于 SDN 和 NFV 的当前发展轨迹，很有可能很快将 ETSI 对 NFV 的利用和虚拟化 SDN 的控制器和功能的愿景变为现实，从而将它们交织为一个统一的，基于软件的网络模型。当这种基于抽象和以编程方式控制网络资源（SDN 概念）的能力之上的 NFV 主导模型成为现实时，我们将不再区分 SDN 和 NFV。

在我们认为 SDN 正在衰退，NFV 将成为网络领域的新势力，甚至可能有一天最终将 SDN 虚拟化为网络功能之前，我们应该记住为什么 SDN 如此重要。

SDN 是非常重要的，因为它让网络变得可编程，并且软件控制和编排不会消失。SDN 的动态可编程性和对每个低层转发设备的精细化控制对于构建、维护云和网络规模公司数据中心的庞大网络至关重要。这些云网络要想满足庞大的流量需求，就必须具备可编程、动态、弹性、灵活、敏捷的特点。未来将是 SDN。它可能还没有到来，也可能不是我们基于当前架构所期望的样子，但它将是软件定义的网络。

42.3　小结

然而，最大的收获是虚拟化的结果导致云 SDN 和 NFV 网络永远地改变了。建立在这些技术上的网络比我们十年前的任何构想都更可伸缩、更敏捷、构建更快、更容易管理。事情总是这样，总会有赢家和输家，一些领先的公司将被超越，一些工作将会消失或转移。然而，总的来说，由于这些技术，各项业务尤其是网络将会变得更好。

本书中文简体字版由 Pearson Education（培生教育出版集团）授权机械工业出版社在中国大陆地区（不包括香港、澳门特别行政区以及台湾地区）独家出版发行。未经出版者书面许可，不得以任何方式抄袭、复制或节录本书中的任何部分。

本书封底贴有 Pearson Education（培生教育出版集团）激光防伪标签，无标签者不得销售。

北京市版权局著作权合同登记 图字：01 - 2016 - 2388 号。

图书在版编目（CIP）数据

SDN/NFV 精要：下一代网络图解指南/（美）吉姆·多尔蒂（Jim Doherty）著；李楠等译. —北京：机械工业出版社，2021. 11

（5G 丛书）

书名原文：SDN and NFV Simplified

ISBN 978-7-111-70264-1

Ⅰ. ①S… Ⅱ. ①吉…②李… Ⅲ.①计算机网络 - 网络结构 - 图解 Ⅳ. ①TP393.02 -64

中国版本图书馆 CIP 数据核字（2022）第 032680 号

机械工业出版社（北京市百万庄大街22号 邮政编码100037）

策划编辑：林 桢　　　责任编辑：林 桢
责任校对：李 杉　王 延　封面设计：鞠 杨
责任印制：单爱军

北京虎彩文化传播有限公司印刷

2022 年 6 月第 1 版第 1 次印刷

184mm×240mm · 16 印张 · 1 插页 · 375 千字

标准书号：ISBN 978-7-111-70264-1

定价：89.00 元

电话服务　　　　　　　　网络服务

客服电话：010-88361066　机 工 官 网：www.cmpbook.com
　　　　　010-88379833　机 工 官 博：weibo.com/cmp1952
　　　　　010-68326294　金 书 网：www.golden-book.com

封底无防伪标均为盗版　机工教育服务网：www.cmpedu.com

推荐阅读

5G 之道：4G、LTE-A Pro 到 5G 技术全面详解（原书第 3 版）

埃里克·达尔曼（Erik Dahlman）等著　缪庆育　范斌　堵久辉　译

通信经典畅销书《4G 移动通信技术指南》面向 5G 时代的全面升级版。

本书是未来几年内，业界知名专家对 LTE 到 5G 等前沿通信技术的经典解读。

本书由与 3GPP 工作为紧密的爱立信工程师所著，内容实用并且得到全球通信从业者选择。本书将目光投向 5G 新技术以及 3GPP 所采纳的新标准，详细解释了被选择的特定解决方案以及 LTE、LTE-Advanced 和 LTE-Advanced Pro 的实现技术与过程，并对通往实现 5G 之路以及相关可行技术提供了详细描述。

帮助读者搭建移动通信知识架构，全面提高对无线通信技术的理解，从而加深对现有商用技术的学习、工作实践的指导，同时又帮助读者理解掌握 5G 新发展脚步，拥抱新的未来。

MIMO 通信导论

杰里·R.汉普顿（Jerry R.Hampton）著

高峰 等译

■ 通信工程师的 MIMO 指南、必备书，业界专家、通信行业从业者诚挚推荐。

■ 积累 30 年业界经验的资深专家的精华之作。

■ 以非常清晰和简洁的方式解释复杂的 MIMO 概念。

■ 主题全面，逐步推导出公式，并给出直观的解释，包含案例、习题和 MATLAB 练习。

本书深入浅出地论述了 MIMO 技术的原理和实现方式，对射频传播、空时编码、空间复用、频分正交在宽带 MIMO 中的应用，MIMO 容量的理论公式和信道估计等主题进行深入研究。通过一步步严谨的推导，得出关键性结论。

智能天线：MATLAB 实践版（原书第 2 版）

弗兰克·B.格罗斯（Frank B.Gross）著 刘光毅 等译

■ 通信经典著作全新升级版，智能天线理论、设计和实践的必备书。

■ 提供丰富 MATLAB 实践代码，学习重要指南。

本书全新升级，是一本更完整的智能天线设计和性能实践指南。大量 MATLAB 实践案例全面详解智能天线领域所包含的理论与技术，搭建全面知识架构和理论基础，深入理解智能天线的原理与实践过程。

推荐阅读

软件定义移动网络：超越传统架构

马杜桑卡·利亚纳吉　等著　肖善鹏　郭霏　等译

- 深入软件定义移动网络（SDMN），改变未来网络架构。
- 掌握 SDN、NFV 前沿进展，探索 5G 未来发展。
- 国际通信专家、研究人员，一线工程师倾力创作。

软件定义移动网络（SDMN）将在超越传统架构移动网络中发挥关键作用。本书提供了对 SDMN 的可行性的深入讲解，并评估了应用于移动宽带网络的新技术的性能和可扩展性限制，以及 SDMN 将如何改变当前移动通信网络的网络架构，提供了超越目前移动通信网络架构和可行性实施方面的理论原则。

NB-IoT 物联网技术解析与案例详解

黄宇红　杨光　肖善鹏　曹蕾　李新　等著

- 业界专家学者热情推荐，中移动研究院核心团队出品。
- 应用 NB-IoT 开发物联网项目的手把手实践教程。
- 从技术解析到真实商用案例实战的全景路线图，让垂直行业更好理解通信技术。

本书以实际商用案例为切入点来剖析 NB-IoT 技术特性和给行业的新价值，指导实际项目开发。